世界建筑未解之谜
• • • • • •

Unsolved
Mysteries
of World Architecture

世界建筑
未解之谜

◎编著∷王 荔 王彦明

光明日报出版社

『前言』

世界建筑未解之谜

　　很早以前，在人类有意识地为自己搭建起栖身的简陋窝棚时，建筑就已经产生了。建筑大师辛克丁提出了一个著名的观点，即"建筑是会说话的"。的确，建筑在无声地讲述着人类文明发展的悠远历程，它们是"石头史书"，是"历史之镜"。

　　作为历史文化的载体——建筑，特别是那些几百年、几千年、甚至上万年就已经存在的人类杰作，它们无不充满神奇：敦煌莫高窟为何建于戈壁荒漠的断崖上？乐山大佛如何能保存得如此完好？婆罗浮屠没有文字记载原因何在？巴比伦"空中花园"的建造该作何解释？英国"巨石阵"到底作何用处？比萨斜塔因何斜而不倒？帕特农神庙的破坏者是谁？雄伟壮观的"太阳门"是如何而来的？"黑色犹太人"是否建造了独石教堂？等等。这些建筑或因其本身的建造、结构及功用令世人啧啧称奇、难以索解；或是背后隐藏着一段鲜为人知且动人心魄的历史传奇。当步入这一座座建筑的奇幻世界、探索一个个谜题真相的时候，人们不仅可以满足自己探奇解密的强烈欲望，还能领略世界各国历史文化的无穷魅力，拓宽文化视野，增长知识。

建筑是一个民族在地理、地质、气候、社会、宗教等诸多因素影响下的产物，因而不同地域、不同民族的建筑结构和建筑风格各不相同。据此，编者按地域划分体例，将本书分为亚洲、欧洲、美洲和非洲四大部分。这种体例使读者能够全面、系统地感知世界建筑的民族风貌和历史文化，并在阅读过程中有所比较，有所思考。

　　本书的语言叙述也极为讲究。许多书在谈及建筑的时候常常用到一些艰涩深奥的专业术语和词汇，借以彰显建筑文化的博大精深，这令许多不懂相关专业知识的读者难解高深，望而却步。鉴于此，本书作者在文字上力求浅显且充满情趣，把写作的重点放在建筑物本身的谜团和建筑背后的历史故事和传说上，并注重其中的知识性和科学性。在作者充满魔力的笔下，这些建筑谜题有的似在讲述一段温雅的儿女佳话；有的似在痛斥流血成渠的杀戮；有的像纪念碑，记录着人类的光荣与梦想、耻辱与苦难。当谈及建筑物本身的构造时，作者也是用随笔式的通俗而活泼的文字，将专业知识的深奥与枯燥化解，使读者轻松地获得相关的知识。

　　在版式上，本书大胆创新，亮点纷呈。黑白交错的页面设计，与读者在阅读中所产生的探索解密之苦思及偶获发现之惊喜的心理特点极为契合。在编排上，本书采取以图释文、图文并茂的方式。三百余幅与文字内容紧密相关的全真图片为本书注入了多种视觉要素。这些图片组合得极富场景感，使读者获得了一个立体、具象的三维阅读空间，可以身临其境般地体验探索谜题真相所带来的刺激与快感。

　　不足之处，请学界专家、广大读者批评指正。

亚洲篇
Asia

欧洲篇 Europe

America 美洲篇

非洲篇
Africa

扫码获取更多资源

如何解释
秦始皇陵墓之谜

←秦兵马俑1号坑
一号坑长230米，宽62米，面积为14200平方米，平面呈东西向长方形。目前这里已出土了大量的陶俑、陶马、木质战车及各种铜兵器。

　　秦始皇陵墓位于西安市临潼区东，背靠骊山，面临渭水。据《史记》记载：秦始皇13岁即位（前247年）就开始建造自己的陵园，直到死时（前210年）建成，历时37年。为造秦陵，当时征发了所谓的"罪人"有72万之多。秦始皇陵墓规模宏大，气势雄伟，经勘察，面积达57平方千米，分内外两城，内城周长2.5千米，外城周长6千米，呈南北长方形。秦陵的布局，东侧1500米处是大型兵马俑坑，西侧是车马陪葬坑及大批刑徒墓地，西北角有面积相当大的秦代石料加工场，南面还有一道长达1500米防止洪水冲毁陵墓的人工堤渠。据《史记》记载，陵墓内挖地极深，用铜液浇灌加固，上面放置棺椁；墓中建有宫殿及文武百官的位次，还有大量的珠宝玉器等；为防盗墓，里面设有弩机暗器，地底下又灌注水银，造型似江河、大海，以机械转动川流不息；又用鱼油膏做成蜡烛，点燃长明，久不熄灭。

秦始皇陵墓至今还未完全发掘。科学家利用高科技手段对秦始皇陵墓进行了多次探测，也由此引出了一系列谜团：秦始皇陵墓的封土取自何处？史料中记载的"旁行三百丈"究竟是什么意思？秦陵司马道究竟是南北走向还是东西走向？是谁点燃了秦宫火？

秦始皇陵封土堆呈覆斗形，高76米，长和宽各约350米，如此大规模的封土堆在国内堪称之最。体积如此庞大的封土取于何处，历来人们说法不一。在临潼地区长期流传着一种说法，认为封土堆的土是从咸阳运来的，因经过烧炒，所以秦陵上寸草不生。关于秦始皇陵的封土来源，史书中也多有记载。《史记·秦始皇本纪》中说，"复土骊山"。《正义》注释道，"谓出土为陵，即成，还复其土，故言复土。"意思是说把原来从墓

→秦俑头

穴中挖出来的土，再回填到墓上去。《水经·渭水注》记载："始皇造陵取土，其地深，水积成池，谓之鱼池。池在秦始皇陵东北五里，周围四里。"今天在秦始皇陵封土东北2.5千米的鱼池村与吴西村之间，确实有这处地势低洼、形状不规则的大水池，有人曾估算鱼池总面积达百万平方米。于是郦道元"取土于鱼池"的说法也得到了不少考古专家的认可。究竟秦始皇陵的封土取自何处，还要通过大量的勘测、体积还原计算和对比才能最后定论。

《汉旧仪》一书中有一段关于修建秦陵地宫的介绍：前210年，丞相李斯向秦始皇报告，称其带了72万人修筑骊山陵墓，已经挖得很深了，好像到了地底一样。秦始皇听后，下令"再旁行三百丈乃至"。"旁行三百丈"一说让秦陵地宫的位置更是显得扑朔迷离。近些年来，科技人员运用遥感和物探的方法对秦始皇陵进行了多次探测，证实了地宫就在封土堆下，距离地平面35米深，东西长170米，南北宽145米，主体和墓室均呈矩形状。秦始皇陵的地宫虽然被定位，但史料记载"旁行三百丈"究竟何意？有专家认为："旁行三百丈"是地宫初挖点比原来计划向北移了700米。因为在封土堆南约700米处出现了重力异常的现象，按地质理论说明该异常区与周围土质存有差异。所以有人推断，秦始皇陵地宫最初挖掘点可能位于这个异常区，因土中含有大量砾石，修陵人无法挖掘，只好向北移到了目前封土堆的位置；也有专家认为：秦始皇陵封土堆南部紧挨骊山，由于山间冲积扇的原因，山下的地层中分布着厚层的砾石，修陵人从地宫向南挖巡游通道时，遇到了大砾石，最后不得不顺着砾石层改向挖掘，即所谓的"旁行三百丈"。

古时候，帝王在世时专用的道路叫"御道"，而死后特意为其专修的道路就叫"神道"，也叫司马道。司马道一般也是帝王

↑秦始皇1号坑发掘现场
这些兵俑身着紧口长裤，披着铠甲，腰束革带，头戴圆形小帽，双目炯炯，姿态生动，十分传神。

陵墓的中轴线，具有重要的考古意义。可是秦始皇陵司马道究竟是南北走向还是东西走向，考古学家和地质专家说法不一。袁仲一、王学理等众多秦陵考古专家都一致认为，秦陵的司马道为东西走向，即陵园面向东。但也有专家认为"陵园南高北低，背依骊山，俯视渭河，南北高差达85米，陵园面向北是再合适不过了。同时，其他国君大多将封土堆安置在回字形陵园的中部，而秦始皇陵的封土堆却位于内城南半部，从对称角度讲，司马道东西走向说不通"。司马道为南北走向的观点最早是由地质学家孙嘉春先生提出来的，并得到了不少人的赞同。

另外，火烧秦陵仅仅是一种燎祭方式，还是项羽所为？这一历史悬疑至今也没有结论。项羽是否火烧秦陵？在对秦始皇陵的发掘过程中，考古专家发现了陵区有大面积的火烧土分布，同样考古专家在对秦陵陪葬坑的挖掘中也发现了大量火烧土和残余焦木。有人认为这正验证了历史上项羽火烧阿房宫的记载。但也有人提出，如果是项羽火烧了秦陵，那么陪葬坑里的珍宝为什么没有被运走？珍禽异兽坑虽然遭到了火烧，但坑内却完好保存着精美的铜鹤、铜鹅、铜鸭子等，这让人不可思议。于是有专家认为"火烧陵墓很可能是当时的一种祭祀方式，即所谓的燎祭"。

关于秦始皇陵众多谜团的种种说法，只是人们根据已有材料的推断。我们期待着秦始皇陵墓的进一步考古发掘，也期待着考古专家们早日为我们揭开这些谜底。

↑立射俑 秦2号坑出土
这种兵俑均是战袍轻装，左腿微拱，右腿后绷，左臂向左侧半举，右臂横曲胸前。这正与我国古代的立射之道相吻合。

阿房宫的焚毁之谜

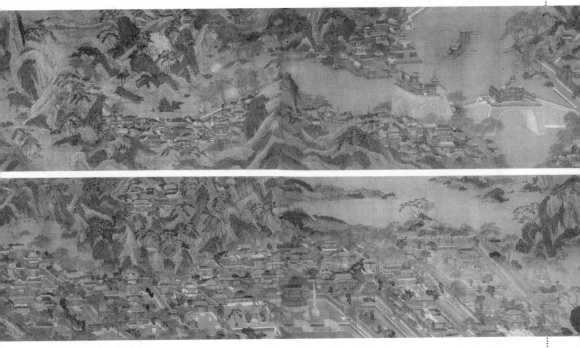

↑阿房宫图卷 清 袁江

此图所绘依山殿阁，傍水楼台，山水相连，花木并茂，并有龙舟、游艇、宫人等点缀。

↑项羽像

秦始皇建阿房宫的原因是因都城咸阳的秦宫室太狭小，不足以展现他君临天下的威仪。为了建造这座都城般的宫殿，秦始皇役使了70万囚徒。但庞大的阿房宫尚没有建成，梦想长生不老的始皇帝驾崩了，工役们随即被驱赶到临潼，为秦始皇建造秦陵。秦陵建造完工之后，为了不让世人评说始皇帝好大喜功，举事太过，秦二世重新开始建造阿房宫。可惜秦二世即位第二年，陈胜吴广起义，烽火连绵。前210年，项羽、刘邦等直驱关中，进入咸阳，灭了秦朝。阿房宫成了秦王朝一个没有完成的美梦。

↑阿房宫前殿遗址

前殿东西五百步，南北五十丈，上可以坐万人，下可以建五丈旗。

美丽的阿房宫在后代成了朝代兴亡的象征。考古发掘的一些军队遗迹可证明后世屯军的事实，如在前殿遗址夯土台基的南边还发现了一条长285米的壕沟，估计是军事设施。宋以后，阿房宫的壮美彻底失去了，被夷为农田。成了人们感叹"立马举鞭遥望处，阿房遗址夕阳东"的所在了。

有人认为：我们不应该把诗人的想象当成了现实。

《史记》云："居数日，项羽引兵西途咸阳，杀秦降王子婴，烧秦宫室，火三月不灭。收其货宝妇女而东。"两千多年以来，《阿房宫赋》里的"楚人一炬，可怜焦土"是人们想象阿房宫最后命运时的凭据。然而，考古却证明项羽火烧阿房宫的说法很可能是个流传千古的谬言。

发掘采取的方式是很先进的，在20多万平方米的范围内，考古队员每平方米打下5个探杆，探眼打到原来台基的夯土地面，却没有一点红焦土的痕迹。于是，专家们做出了"项羽没烧阿房宫"的结论。

此论一出，引至轩然大波，学术界沸沸扬扬，各抒己见。

有学者指出，《史记》并没有说项羽烧了阿房宫，只是说烧了秦宫室，而且考古已经发现烧的秦宫室是秦咸阳宫。杜牧的《阿房宫赋》说项羽火烧阿房宫也正好反映杜牧的历史观，是拿历史说事。历史文献是有政治色彩的。

事实上，在对位于咸阳西南的秦咸阳宫（秦始皇仿造六国宫殿建造的庞大建筑群）发掘时，确实发现了大量的灰烬和红烧土，证明项羽确实曾纵火焚烧秦宫室。

而有的学者却认为，《史记》中的记载是在秦往后100年，司马迁的说法应该是可信的。杜牧是唐朝大诗人，《阿房宫赋》作为文学作品，是允许有浪漫的想象的，但作为考古学家，还是应以历史的记载为准。虽然根据我们现在的考古，不能排除前殿之外别的地方有红焦土，所以尚不能断言项羽没有烧阿房宫，但这种所谓的定论显然已经受到了挑战。历代史传中除了《史记》外，关于阿房宫的记载还见于《三辅黄图》、《水经注·渭水》、《汉书·贾山传》等，但其中都只是说到了阿房宫的大小，并没有项羽烧阿房宫的记载。认为项羽烧阿房宫只是一个假设，诗人的想象被我们当成了现实。

那么，阿房宫是否真的存在过？

杜牧笔下的阿房宫，极尽人间的富丽繁奢。那么如此瑰丽恢宏的人间仙境，它到底存在过吗？这是一些史学家另一个大胆的质疑。

理由之一就是，在阿房宫前殿遗址竟没有发现一只瓦当。作为当时重要建筑装饰的瓦当，没有在考古中出现让一些人认为不可思议。有专家据此认为，阿房宫根本就没有建成，不过是一个只有夯土地基的大工地。

但这种说法很快遭到质疑，有人认为阿房宫确实存在过的，虽然它没有最终建成，但当时已经建成了一部分。秦代的瓦当虽然没有被发现过，但大量其他出土的秦代遗物，也能证明阿房宫确实存在过。

比如说，1963年，在遗址北部的"上天台"以北约1.2千米的高窑村北，出土了一个高奴铜石（音同但）权，权是当时的标准衡器。此权显然是当时朝廷收来检定的，但尚没有发还高奴县，秦即灭亡，故留在阿房宫。这也说明阿房宫当时已有中央政权机构在这里办公。与这一铜石权同坑出土的还有大量的筒瓦、云纹瓦当、五角空心砖、陶釜、陶盆并有兽骨、烧土。秦代的麻点纹板瓦、筒瓦等建筑遗物当时则遍地皆是。

事实上，新中国成立以后，遗址上还曾出土大量的砖瓦残片、花纹瓦当、巨型柱础、带字瓦当以及各种铜制的建筑构件，可见建筑的雄伟壮丽。另外，还有窖藏的铜器等显示贵族豪奢生活的文物。这足以说明当时的阿房宫已有建成的建筑，且已有中央机构在此办公。怎么能说阿房宫不存在呢？

也有历史学家认为此次考古并未能论证什么，没有找到火烧的证据并不能说明什么，阿房宫毁于那段时期的战火是确定无疑的事情，而且被火烧的可能性很大。不过是很多人有意无意地把账记到了项羽头上。

看来，历史就是一个不断考证、不断接近真实的过程。历史上翻案的文章很多，有些是推论，有些是根据零星记载，但关于阿房宫，并没有流传下来的记载，于是大家习惯性地接受了这样的传说。

↑阿房宫遗址

其遗址位于今陕西省西安市西郊三桥镇，为一长方形夯土台基，东西长约1300米，南北宽约400米，面积5.2公顷，是研究秦代建筑的重要遗迹。

尼雅古城为何消亡

　　20 世纪初，在我国西北部塔克拉玛干大沙漠边缘的尼雅地区，英国探险家斯坦因发现了一座古城。这遗址规模庞大，东西宽约 7 千米，南北长约 26 千米，许多城墙、房舍、街道、佛塔的轮廓依然保存相当完好，其气势磅礴，堪与著名的古罗马庞培城相媲美。更令人惊讶的是，从这里挖掘出的大量珍贵文物，其中还有很多书写了奇怪符号的木简。这些发现立刻使尼雅一夜间轰动了世界　，那些奇怪的符号是文字吗，是的话，写的又是什么？为什么在这沙漠之地会有具有高度文明的古城？这座古城是如何从历史上消失的？这些疑问　，吸引了众多考古学家前去考察，一步步揭开尼雅城的神秘面纱。

　　在尼雅考古发掘中发现的奇怪的木简符号，经专家考证确实是文字名叫佉卢文。这是一种早已消失的文字，起源于公元前 4 世纪印度西北部，公元前 3 世纪印度孔雀王朝

→尼雅出土的泥罐和木盆

↓尼雅古桥遗址

的阿育王时期就是使用此种文字，全称"佉卢虱底文"。公元2至4世纪曾流行于新疆楼兰、和田一带，而此时在印度随着贵霜王朝的灭亡，佉卢文也随之消失了，自今已经绝迹1600余年，当今世上只有少数专门的研究者能读懂它。佉卢文为何能在异国他乡流行起来至今还没有非常合理的解释。这似乎并不重要，重要的是木简上的佉卢文写的是什么内容呢？

↑尼雅文明遗址远观

解读它们发现，木简内容也许揭示了尼雅为什么消亡。其表述的多是各种命令，如"有来自某国人进攻的危险……军队必须上战场，不管还剩有多少士兵……"，"现有人带来关于某国人进攻的重要情报"；"某国人之威胁令人十分担忧，我们将对城内居民进行清查"；"某国人从该处将马抢走"。这些文字字体是弯曲形的，没有标点，字与字之间无间隔，给解读带来了困难。但就从一些零星的只言片语我们可知，尼雅王国受到了某个王国的威胁，而且该国力量异常强大，尼雅几乎无力抵抗，只有忐忑不安地等待着那悲惨的命运。因此尼雅的消失，是不是因为那个令尼雅害怕的王国的致命一击呢？

新疆一带古时又称西域，公元前后有诸多小王国，当时都臣服于强大的汉王朝。汉代曾在那设立政府机构，并派重兵把守，"投笔从戎"的故事便是指东汉名将班超率军进驻西域，雄镇一方之事。尼雅遗址就是属于当时某个小王国当属无疑，但又是哪个小王国呢？有人认为是史籍中记载的西域众多王国之一的精绝国，精绝国位

于昆仑山下，塔克拉玛干大沙漠南缘与今天的尼雅遗址十分接近，而且精绝国的消失也是在公元2、3世纪与尼雅王国的消失时间上重合。不过当时的精绝国可不是滚滚黄沙，而是气候宜人、水草丰茂的一片绿洲。公元2、3世纪，中原处于东汉末和三国两晋的慌乱与纷争中，无暇他顾，致使西域诸多势力强的王国没有顾忌，也掀起了兼并弱小王国的战争。木简上的另一种说法是，尼雅被毁是缘于尼雅人自己造成的。从遗址及所发现的文物可看出，当年的古城盛极一时。清澈的尼雅河从城郊缓缓流过，众多水道交织，大小湖泊星罗棋布，周边是茂密的林木将遥远的大沙漠隔离。加上又是位于古丝绸之路上的必经之地，东西方文明在这里交流与碰撞，

→佉卢文木简

↑尼雅木橱门

自然环境与人类文明成果共同造就了尼雅的辉煌。但尼雅人的活动却不断地对这环境造成了破坏，特别是在1700多年前，生产方式粗放，人口的增加破坏了植被，又大肆砍伐树木，致使水源枯竭。似乎远在天边的塔克拉玛干大沙漠，对这失去了树木保护的尼雅城大加施虐，最终把它吞噬。现在的尼雅遗址，着实令人触目惊心，房屋建筑被厚厚的黄土掩埋，只露一些残垣断壁，到处是破碎的陶器，累累的残骨，还有干尸也常常暴露在废墟中。发现干尸，在当地是习以为常的事，也是尼雅遗址的一大特色，由于干燥的气候，这里的干尸不经过任何处理便可形成。要是当年富庶的尼雅人能看到今天的破败景象，也许他们就会珍惜那片神赐的绿洲。

尼雅的命运令人扼腕叹息，同时又告诫人们：我们只有一个地球，如果不珍惜，即使再辉煌的文明也会成为一片荒凉的废墟。

↑尼雅遗址近观

南越王国宫殿之谜

↑金缕玉衣 西汉 长173厘米 广州市南越王墓博物馆藏
汉代贵族迷信玉可以保持尸体不腐，故用玉片制成高级的殓服——玉衣，皇帝穿的用金丝连缀，称金缕玉衣。图中这件为首次发现的金缕玉衣。

20世纪80年代，广州先后发现了西汉南越王墓、南越王宫署遗址的地下石构建筑、南越国御花园和南越国宫殿遗址，其中南越王宫署遗址具有浓厚的岭南地方特色，被评为国家十大考古发现之一。

体现了2000年前南越王国宏大规模的南越王宫署遗址包括两个部分：其一是1995年发现的南越国宫署御花园。另一部分是南越王宫署主宫殿区，其遗址主要在现在的儿童公园位置。

长久以来，人们在争论："番禺城"究竟存在与否？象牙印章上的老外头像是怎么回事？南越王宫又为什么会大量存在着石头建筑？南越王宫殿目前只挖掘出一号殿的一部分和二号殿的一角，350多平方米的发掘现场只占儿童公园东南一个角，整个宫殿最精华的部分还在两万多平方米的儿童公园下面。宫殿也找到了，但是人们在猜测，宫署之外还有没有一个城了呢？据史料记载，秦末汉初时期全国有十多个商都，而岭南就只有"番禺"这一个重要的商都，来这里经商的人不少都财运亨通，发达者众。按照考古专家推测，南越王宫署之外应该还有贸易区（市）、老百姓生活区（坊、里）以及城墙等等，然而这些东西目前却一点出土的迹象都没有。南城王宫署只是番禺的一部分，当时的城在哪里？城墙修建在什么地方？专家们至今仍无法回答。在南越王宫署的发掘过程中，专家们发现了2000多年前的南越王宫、1600多年前的东晋古井、1000多年前的唐末漫道等珍贵的历史遗迹，但最令专家兴奋的是一枚大约5厘米高、质地坚硬、未完成的象牙印章。这枚象牙印章虽然只有一只核桃大小，上面还有一道裂痕，但它在考古史上却有重要的意义。首先，这枚象牙印章刚好出土在唐代的漫道上，在它的周围还有一些象牙材料、水晶、外国玻璃珠等文物，广州出土的唐代文物向来非常有限，直令广州的考古学家有"盛唐不盛"之叹，它的出土正好弥补了这一不足。同时南越王墓曾出土过五根象牙，明清时期的大新路是有名的象牙作

↑阿拉伯人俑
唐代旅居中国的阿拉伯人很多，武则天时期，侨居于长安、广州、泉州等地的阿拉伯人数以万计。

↑广州南越王墓后部主室遗骸及部分出土文物
（南→北）

坊，这枚唐代象牙印章也使广州的象牙工艺制造史中间的空白得以填补。其次，该印章虽然没有打磨完成，也没有署名，其上却大有乾坤——上面的头像无论从脸形还是发式上来看，都是一个明显的外国人头像。从开关上看，这枚印章不是中国传统的长方形或正方形，而是椭圆形，而西方印章的形式正是以椭圆形为主。专家们认为种种迹象表明，这是枚给外国人刻的印章，反映了当时广州外国人的存在。专家们兴奋地说，"据文献记载，唐代广州聚集了数万外国人，尤其以西亚阿拉伯人为多，但一直以来苦于缺乏具体物证，这枚象牙印章的发现正好证明了这一点。"但具体这枚印章上面的"老外"到底是哪一国人？当时的广州外国人的数量有几

何？专家们也不能做出详细的解释。

一直以来，在考古学界有这样一个共识——中国古代建筑以木结构为主，西方古代建筑则是以石结构为主，一木一石，形成中国与西方在建筑文化上的分野。人们一般认为，中国建筑在唐宋以后才大量使用石质材料，但是在刚刚出土的南越王宫殿和以前出土的南越王御花园，都发现了大量的石质材料，诸如石柱、石梁、石墙、石门、石砖、石池、石渠等等。有专家认为，整个南越王宫署的石建筑普及程度，可以用"石头城"来形容，甚至有的结构与西方古罗马式建筑有相通之处，这在全国考古界都是罕见的。有行内人士提出，南越王宫署独树一帜的石建筑，是否意味着当时的广州（番禺）已经引进了西方的建筑技术和人才？如果真是这些人所猜测的，那么中外建筑文化交流史也将因此而改写。但到目前为止，这只是人们的一种猜测，还没有确切的证据来证实。

专家们说，随着南越王宫殿的进一步挖掘，南越王宫署的"历史之谜"还会更多，目前专家们又提出，"南越王宫署石渠流向图形之谜"、"御花园龟鳖石池上的建筑之谜"、"带刺的瓦当有什么功用"、"黑皮黑肉的鹅卵石来自哪里"等谜团。这些谜团地揭开依赖于考古专家们的进一步发掘研究。

↑玉剑首　西汉　横宽6.2厘米
1983年广东省广州市象岗山南越王墓出土，藏于广东省西汉南越王墓博物馆。

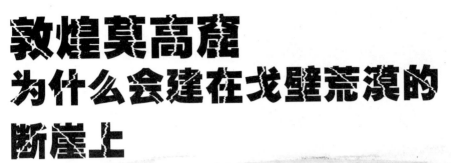

敦煌莫高窟为什么会建在戈壁荒漠的断崖上

↑莫高窟俗称"千佛洞",坐西朝东,南北长达 1610 米,上下共有 5 层。莫高窟是公认的世界上历史最悠久、内容最丰富、规模最宏大、保存最完整的文化艺术宝库和佛教艺术画廊。

在甘肃省敦煌市鸣沙山东麓的崖壁上,长长的栈道将大大小小的石窟曲折相连,洞窟的四壁尽是与佛教有关的壁画和彩塑,肃穆端庄的佛影,飘舞灵动的飞天……庄严神秘,令人屏声敛息。

这里,便是世界最大的佛教艺术宝库——莫高窟。

莫高窟的开凿始于 366 年。据记载,一位德行甚高的和尚挂杖西游至此,见千佛闪

↑莫高窟的壁画线条细腻、造型生动，虽历经沧桑，依然色彩艳丽，金碧辉煌。

耀，心有所悟，于是，凿下第一个石窟，接下来从十六国到元朝，石窟的开凿一直延续了10个朝代（约1500年）。如今，和尚开凿的那个石窟我们早已无从寻觅，而饱经风沙侵蚀的莫高窟仍保存着10朝代的750多个洞窟，45000平方米窟内壁画，3000余身彩塑和5座唐宋窟檐木构建筑。

↑莫高窟侧面

此外，藏经洞还发现了四五万件手写本文献及各种文物，其中有上千件绢画、版画、刺绣和大量书法作品。如果把所有艺术作品一件件阵列起来，便是一座超过25千米长的世界大画廊。西方学者将敦煌壁画称作是"墙壁上的图书馆"。

然而，令全世界瞩目的艺术宝库——敦煌莫高窟何以建在中国西北戈壁荒漠的一处断崖上呢？最近，中国有关专家从历史地理、社会经济的角度试图揭开莫高窟营建之谜。

从地理学的角度看，专家们认为敦煌地处荒漠戈壁的腹地，为使洞窟免遭风沙侵蚀，古人将莫高窟修建在鸣沙山沙砾岩上，坐西朝东，与东面的三危山隔河相望。呈蜂窝状排列的洞窟最高处不超过40米。这样一来，冬季，风沙主要从洞窟背面的西方刮来，经过窟顶时，呈45度角吹下，与洞窟之间形成"死水区"，吹不到洞窟；夏季，东风盛行，莫高窟对面的三危山又成为天然屏障，使风沙无法直接威胁到洞窟。因此，莫高窟便成为干燥区域里一个最安全的地带。

还有的学者认为，莫高窟选择建在远离敦煌城的地方，体现了佛教与世俗生活隔离、与大自然融合的思想。洞窟依山面水，窟前的宕泉河水滋润着莫高窟周围的绿树。荒漠绿洲不仅形成了莫高窟独特的清幽风光，还有效地阻隔了太阳光对洞窟的辐射。

从366年始建算起，历经千余年的风雨沧桑，莫高窟仍然保存下来11个朝代的492个洞窟以及大量壁画、雕塑。专家们认为，古代劳动人民对地理位置的科学选择，为莫高窟的保存起到了重要作用。

从社会经济的角度分析莫高窟开凿的

↑莫高窟鸟瞰

莫高窟所在崖壁质地松软，且地处戈壁荒漠。

原因也很有意思。古"丝绸之路"开通之后，敦煌作为汉唐帝国通往西域的门户、中西文化的交汇点，成为繁华一时的贸易中转城市，各国商贾云集。来往商人为祈求生意兴隆、人身平安，需要高级道场举行祈祷仪式，加之当时佛教盛行，于是，世俗大户纷纷出资开凿石窟。

时至今日，莫高窟的选址之谜仍然没有解开。

→莫高窟内木身泥塑的佛像

图为佛像头部。

←图中塑像（从左至右）为天王、菩萨和阿难像，它们神态各异，鼻梁隆直，眉长眼鼓，分外传神。

↑夕阳下的楼兰古城

楼兰城地处丝绸之路的枢纽，扼古代东西方交通的门户，丝绸贸易曾给濒临古代罗布泊的楼兰绿洲带来了无与伦比的繁荣。

楼兰古城 的消失之谜

早在2100多年前就已见诸文字的古楼兰王国，在丝绸之路上作为中国、波斯、印度、叙利亚和罗马帝国之间的中转贸易站，曾是世界上最开放、最繁华的"大都市"之一。然而，500年左右，它却一夜之间在中国史册上神秘消失了，众多遗民也同时"失踪"。他们到底去了哪里？多年来这一直是个难解之谜。

根据史书记载，楼兰有一个很大的城池，城内人烟繁盛，城外阡陌纵横，在西域36国中，楼兰的经济和文化最为发达。

在两汉时期，楼兰和内地的关系一直十分密切。可是到了魏晋南北朝以后，楼兰渐渐地与内地断绝了联系，无声无息地从中国史书上消失了。到了唐代，虽然丝绸之路仍然畅通无阻，可是人们已经不知道楼兰究竟在什么地方了。尽管当时的一些文学家、诗人经常提到楼兰，那也只不过是一个代名词而已，他们并不知道楼兰的下落。

楼兰哪里去了呢？

不同学科的研究者发表了不同的见解：有人认为是罗布泊的枯竭、自然环境的变化、河流改道等原因，也有人认为是孔雀河上游不合理地引水、蓄水，人为造成的，还有人认为是丝绸之路改道、异族入侵等原因造成的，如此等等，不一而足。那么，究竟哪个观点更接近历史真实呢？

↑"望四海贵富寿为国庆"锦（局部）
东汉 长 34.3 厘米，宽 22.8 厘米

1900 年春季，瑞典探险家斯文·赫定正在罗布泊西部探测，他的维吾尔族向导阿尔迪克，在返回考察营地去取丢失的锄头时，遇到风暴，迷失了方向。但这位勇敢的维吾尔族向导不但回到了原营地，摸到了丢失的锄头，而且还发现了一座高大的佛塔和密集的废墟，那里有雕刻精美的木头半埋在沙中，还有古代的铜钱。1903 年，斯文·赫定进入了这座古城。探险家被眼前的景象惊呆了。在一个长宽大约 300 米的城垣中间，残垣断壁比比皆是，横七竖八的木质梁架在干燥的热风和骄阳下显得特别刺眼。根据建筑物的式样规格，可以大概判断出哪些是当年的官邸，哪些是民居，哪些是庙宇。一幢高高的佛寺参塔仡立在城中央。斯文·赫定对这座古城进行了挖掘，得到了大量的珍贵文物。各种木简和文书，记载着当地粮食种植和运输的情况；许多精美的丝绸和铸有中国各朝代年号的钱币，反映出该地与内地经济往来频繁。这位探险家在挖掘中，无意间找到一张纸片，上面清楚地写着"楼兰"两个字。从此，失踪了一千多年的楼兰古城终于被找到了。回国后，他向世界宣布，他发现了中国史籍记载的著名的楼兰城。他的发现震惊了世界。

↑汉文木简
古楼兰遗址出土。楼兰古城有着盛极一时的历史和灿烂的绿洲文化，这些木简的出土对于我们进一步研究和走进已在历史长河中消失至少有 1000 年之久的楼兰，有着重要的参考价值。

虽然楼兰古城被找到了，但人们接着就提出了一个新的问题：为什么楼兰古城会突然消失了呢？对于楼兰古城消失的原因，科学家们曾经进行过多方面的探索，提出了种种猜测。

有人认为，古楼兰附近有过不少强悍的民族，这些民族可能凭着自己的骑兵，突然闯入和平的古国，强行掠夺或杀死当地居民，结果使这座古城沦为废墟。但是这种说法在史书上却无法找到依据。还有人把楼兰古城的衰亡归因于自然气候。这里的气候极端干燥，几年也不下一场雨，为保存这些文物创造了极好的外部条件。埋在土里的已逾千年的尸体也不腐烂，变成了"木乃伊"。他们推测，在一两千

年以来，亚洲中部的气候正朝着越来越干旱的方向发展。楼兰繁荣时期，气候还比较温和湿润，适宜农作物生长。后来由于气候变干燥，风沙肆虐，农作物连年颗粒无收，楼兰居民在无法抵御的自然力量情况下，只好搬迁到新的环境中去。

上述两种观点虽然都有一些道理，但是并没有被学术界所公认，因为这两种观点都没有拿出证明自己观点的有力证据。

现在，学术界有一种新的观点，即"水源断绝说"。大多数科学家认为，这种学说能够比较圆满的解释楼兰衰亡的原因。这个假说认为，楼兰地处塔里木盆地东部，自古就是一个极其干旱的地方。楼兰古城本来恰好位于塔里木河下游、罗布泊的旁边，可以引水灌溉，发展农业生产。后来塔里木河改了道，靠塔里木河河水补给才得以存在的罗布泊也逐渐缩小了。楼兰从此失去了赖以生存的水源，居民只好从这里搬走，古城逐渐被风沙淹没了。野外实地考察也证实了这个假说可以成立。考察人员在楼兰附近找到了古代河道的遗迹，楼兰附近的罗布泊在历史上确实也发生过多次的变动。

从论据的充分性上来看，似乎最后一种观点更符合事实。但是遗憾的是，这种假说并未能在史书上找到记载。按照自然规律，水源断绝不是一朝一夕突然发生的，而是一个渐变的过程。既然是这样，史书上就应该有所叙述。人们相信，在不远的将来，科学家们一定会告诉人们正确答案的。

啊！楼兰，一个等待人们去破解的千古之谜。

古楼兰遗址外景（左、上、下三图）
随着岁月的流逝，楼兰古城在4世纪以后就杳然消失了。而再现于世人面前的楼兰早已失去了昔日的繁华景象，放眼望去，除了几堵废弃的土坯，留给人们的只是荒漠与败草。

曹操为何要建72座陵寝

↑曹操像
传说中曹操生性多疑，72座陵寝的
建造也是他本性所导致的吗？

曹操在丧葬上有别于历代帝王，他对自己的身后事，提出了"薄葬"。他是中国历史上第一位提出"薄葬"的帝王。

当时，曹操虽未称帝，但权力与地位不比帝王低，为什么他不但提倡"薄葬"，而且身体力行呢？

据说，曹操一生提倡节俭，他对家人和官吏要求极严。他儿子曹植的妻子因为身穿绫罗，被他按家规下诏"自裁"。宫廷中的各种用过的布料，破了再补，补了再用，不可换新的。有个时期，天下闹灾荒，财物短缺，曹操不穿皮革制服，到了冬天，朝廷的官员们都不敢戴皮帽子。

又据传，曹操早年曾干过盗墓的勾当。他亲眼看见了许多坟墓被盗后尸骨纵横、什物狼藉的场面，为防止自己死后出现这种惨状，他一再要求"薄葬"。

为了防止盗墓，在力主和实践"薄葬"的同时，他还采取了"疑冢"的措施。布置疑冢，当然也和他生性多疑有关。生前，他因多疑，错杀了许多人；死后，他的多疑也不例外。传说，在安葬他的那一天，72具棺木从东南西北四个方向，同时从各个城门抬出。

这72座疑冢，哪座是真的呢？曹操之墓的千古之谜随之悬设。

千百年来，盗墓者不计其数，但谁也没发掘出真正的曹操墓。

传说，军阀混战年代，东印度公司的一个古董商人为了寻找曹操的真墓，雇民工挖了十几座疑冢。除了土陶、瓦罐一类的东西外，一无所获。

1988年《人民日报》发表一篇文章《"曹操七十二疑冢"之谜揭开》说，"闻名中外的河北省磁县古墓群最近被国务院列为第三批全国重点文物保护单位。过去在民间传说中被认为是'曹操七十二疑冢'的这片古墓，现已查明实际上是北朝的大型古墓群，确切数字也不是72，而是134。"关于疑冢的说法便被确证不是准确的了。

但是，关于曹操尸骨到底埋于何处，仍然是个谜。据诗曰："铜雀宫观委灰尘，魏主园陵漳水滨。即今西湟犹堪思，况复当年歌无人。"由此推断，曹操墓是在漳河河底。又据《彰德府志》载，魏武帝曹操陵在铜雀台正南5公里的灵芝村。据考察，这也属假设。

那它还有可能在哪呢？

还有一种说法是，曹操陵在其故里谯县的"曹家孤堆"。

据《魏书·文帝纪》载："甲午（公元220年），军治于谯，大飨六军及谯父老百姓于邑东。"《亳州志》载："文帝幸谯，大飨父老，立坛于故宅前树碑曰大飨之碑。"曹操死于该年正月，初二日入葬，如果是葬于邺城的话，那魏文帝曹丕为何不去邺城而返故里？他此行目的是不是为了纪念其父曹操？《魏书》还说："丙申，亲祠谯陵。"谯陵就是"曹氏孤堆"，位于城东20公里外。这里曾有曹操建的精舍，还是曹丕出生之地，此外，又据记载：亳州有庞大的曹操亲族墓群，其中曹操的祖父、父亲、子女等人之墓就在于此。由此推断，曹操之墓也当在此。

但这种说法也缺乏可信的证据，遭到许多人的质疑。

面对"曹墓不知何处去"的感叹，人们对曹操的奸诈多疑可能有了更深的认识。曹操一生节俭，带头"薄葬"，是有积极意义的。这样做，既保护了自己，也使盗墓者无从下手，这也算是他的明智之举吧。

关于曹操的陵寝的真实情况至今仍是个谜，还有待于新的考古发现。

↑邺城遗址

乐山大佛
如何能保存得如此完好

乐山大佛坐落在乐山市峨眉山东麓的栖鸾峰，依凌云山的山路开山凿成，面对岷江、大渡河和青衣江的汇流处，造型庄严，虽经千年风霜，至今仍安坐于滔滔岷江之畔。又名凌云大佛。乐山大佛是世界现存最大的一尊摩崖石像，有"山是一尊佛，佛是一座山"的称誉。乐山大佛雕刻细致，线条流畅，身躯比例匀称，气势恢宏，体现了盛唐文化的宏大气派。

关于乐山大佛的开凿，历史上还有一段传奇佳话。乐山大佛古称"弥勒大像"、"嘉定大佛"，开凿于唐玄宗开元初年（713年）。当时，岷江、大渡河、青衣江三江于此汇合，水流直冲凌云山脚，势不可挡，洪水季节水势更猛，过往船只常触壁粉碎。凌云寺名僧海通见此甚为不安，于是生发修造大佛之念，一使石块坠江减缓水势，二借佛力镇水。海通募集20年，筹得一笔款项，当时有一地方官前来

←乐山大佛
又称凌云大佛，其姿态端庄安详，是中国也是世界最高大的一尊石刻大佛。大佛依凌云山的山路凿成，面对岷江、大渡河和青衣江的汇流处，虽经千年风霜，至今仍安坐于滔滔江河之畔。

索贿，海通怒斥："目可自剜，佛财难得！"遂"自抉其目，捧盘致之"。海通去世后，剑南川西节度使韦皋，征集工匠，继续开凿，朝廷也诏赐盐麻税款予以资助，前后历时90年，大佛终告完成。可就是这座享誉世界的大佛，历来仍有许多争论。乐山大佛的高度究竟是多少？有千年之久的乐山大佛又是如何保存得这么完好呢？

↑峨眉山之晨
由栈道远望，峨眉山隐浮于天际，只见叠叠青峦，云波流涌。

乐山大佛的规模在各类书籍上多有记载，人们比较统一的意见是，大佛头长14.7米，头宽10米，眼睛长3.3米，鼻子有5.53米长，肩宽24米，耳长7米，耳内可并立二人，脚背宽8.5米，可坐百余人，但关于大佛的高度说法不一。宋代的《佛祖统纪》、《方舆胜览》，明清的《四川通志》、《乐山县志》等书中，都记载乐山大佛高"三百六十尺"，也就是相当于现在的110米左右。新中国成立后，科研部门采用吊绳和近景测量的方法对大佛进行了多次测量，确认乐山大佛高71米。《中国大百科全书》、《中国名胜词典》、《中国名山大川词典》等字典书籍上也明确写有乐山大佛的通高为71米。但1990年由上海辞书出版社出版发行的《中国地名词典》却把乐山大佛的高度定义为58.7米，而且这一观点也同样有很多权威专家认同。

为什么同一座静止不动的石佛，它的高度会有两个差距如此大的数据呢？据有关专家介绍，这两种观点的主要分歧是定义乐山大佛"通高"的不同。文物界在测查文物时，将文物整体的最高点和最低点之间的差称为"通高"。中国的佛像底部多有莲花座，测量时通常将佛像和底部与之相连的莲花座看作一个整体，佛像的高度也就是从莲花座底端到佛像的顶端的长度。但就乐山大佛来说，人们对他的莲花座的看法不一致。

有人认为大佛脚下有两层莲花座，一层是大佛的足踏，而在足踏下面还有一层更大的莲花座。因此他们认为大佛的通高应该以最底层的莲花座为起点进行测量，也就是大佛高71米。与此同时，还有人认为大佛脚下

←江上远眺乐山大佛
其山体轮廓似一睡卧巨佛，它面对三江雄峙千载，阅尽人间沧桑。

● 乐山大佛近观

乐山大佛宏伟壮观，气势非凡。在乐山大佛的脚趾甲上可以放得下一张八仙桌。走近乐山大佛，不由得让你心存敬畏。

只有一层莲花座，因为与乐山大佛类似的隋唐时期建造的弥勒佛像都只有一层莲花足踏，乐山大佛没有道理在足踏下再加一层莲花座。也有人认为，所谓莲花足踏下一层更大的莲花座，实际上是莲花足踏下的一层石基，只不过建造者为了美观庄严在石基的边缘上刻了一些莲花图案。因此这层石基不能计算在大佛的高度之内，所以持这种观点的人把大佛的通高从莲花足踏开始算起，也就是58.7米。究竟乐山大佛最底下一层是莲花座，还只是一层石基，人们争论不休，至今未有定论。

那么，乐山大佛历经千年又是如何保存得如此完好呢？近些年来，通过专家们对乐山大佛的考察研究，不断揭开大佛的一些秘密。专家们认为乐山大佛具有一套设计巧妙，隐而不见的排水系统，对保护大佛起到了重要的作用。在大佛头部共18层螺髻中，第4层、第9层和第18层各有一条横向排水沟，分别用石灰垒砌修饰而成，远望看不出。衣领和衣纹皱折也有排水沟，正胸右向左侧也有水沟，它与右臂后侧水沟相连。两耳背后靠山崖处，有洞穴左右相通；胸部背侧两端各有一洞，但互未凿通，孔壁湿润，底部积水，洞口不断有水淌出，因而大佛胸部约有2米宽的浸水带。这些水沟和洞穴，组成了科学的排水、隔湿和通风系统，防止了大佛的侵蚀性风化。也有专家指出，大佛的

雕刻结构对大佛的保存起到了至关重要的作用。人们观赏这尊世界第一大佛，往往只看到依山凿就的外表，看到他双手抚膝正襟危坐的姿势，而对他的部位结构则看不真切。其实，细究他的形体结构，是很有趣味的。专家们发现大佛胸部有一封闭的藏脏洞。封门石是宋代重建天宁阁的纪事残碑。洞里面装着废铁、破旧铅皮、砖头等。据专家们说唐代大佛竣工后，曾建有木阁覆盖保护，以免日晒雨淋。从大佛棱、腿、臂、胸和脚背上残存的许多柱础和桩洞，证明确曾有过大佛阁。宋代重新修建，称为"天宁阁"，到元代时毁于战乱。维修者将此残碑移到海师洞里保存，可惜后来也被毁坏。乐山大佛屹立千年仍然风采依旧，究竟是什么原因使他如此"坚强"，人们仍在争论探索。

↑乐山大佛佛头
佛头直径约10米，发髻共1021个，眉长3.7米，眼长3.3米，鼻长5.53米，嘴宽3.3米，耳长7米，壮观之极。

为何称西夏王陵为"东方金字塔"

↑ 东方金字塔——西夏王陵

西夏陵园在明代以前被掘被毁，地面建筑只剩遗址，但仍保存着大量的建筑材料和西夏文，这对破译西夏王陵留给世人的独特谜题有着重大的价值。

970多年前，西北大地耸立着一个与宋、辽鼎立的少数民族王国——"大夏"封建王朝，西夏语为"大白高国"。因其位于宋、辽两国之西，历史上称之为"西夏"。它"东尽黄河，西界玉门，南接萧关，北控大漠，地方万余里，倚贺兰山以为固"，雄踞塞上，立朝189年，传位十主。 13世纪，蒙古迅速兴起并日渐强大，开始对外扩张和掳掠，西夏便成为蒙古对外扩张的首要目标。1227年，成吉思汗包围西夏都城兴庆府达半年，威震四方的成吉思汗虽战无不胜，但西夏人拼死抵抗，双方陷入苦战之局。经过一番惊心动魄的战斗，蒙古大军攻下了西夏都城兴庆府， 接着在城里四处抢掠、大肆屠杀，铁骑所到之处，白骨蔽野。历时189年， 曾在中国历史上威震一方的西夏王朝灭亡了， 党项族也从此消失。只

↑ 陵园出土的石柱础

↑西夏王陵远观

有贺兰山下一座座高大的土筑陵台——西夏王陵，仍然默默矗立在风雨之中，展示着神秘王朝的昔日辉煌。于是，西夏王朝留给后人的，只剩下这些历史遗迹和一个又一个难解之谜。元人主修的《宋史》、《辽史》和《金史》中各立了《夏国传》或《党项传》，但没有为西夏编修专史。这无疑给研究人员对西夏的研究增加了困难，近年来研究人员试图从那些废弃的建筑、出土文物和残缺的经卷中，寻找西夏王国的踪迹，以求破译众多谜团。

从 20 世纪 70 年代开始，考古人员对矗立在荒漠中的西夏王陵进行了科学的考察和研究，清理了一座帝王陵、四座陪葬墓、四个碑亭及一个献殿遗址，并从中发现了一些很珍贵的西夏文物。这些文物中有西夏文字，有反映西夏人游牧生活和市井生活的绘画，有各式各样的雕塑作品，有"开元通宝"、"淳化通宝"、"至道通宝"、"天禧通宝"、"大观通宝"等各个时期的流通钱币，有工艺精巧的各类铜器、陶棋子等文物。更让人惊讶的是，这当中出土了大量造型独特的石雕和泥塑。与此同时，考古工作者还对陵区进行了多次全面系统的测绘与调查，陆续发现了新的大小不等的陵墓。发现的陵墓从 15 座增加到 70 多座，后又增加到 200 余座，截至 1999 年共发现帝陵 9 座、陪葬墓 253 座，其规模与河南巩义市的宋陵、北京明十三陵相当。东西 5 千米，南北 10 多千米，总面积 50 多平方千米，如此规模的皇家陵园在中国实属罕见。人们还惊奇地发现，在精确的坐标图上，9 座帝王陵组成一个北斗星图案，陪葬墓也都是按星象布局排列！为什么要这样排列呢？至今仍没人能够解释。

西夏王陵和其他陵园相比，有自己独到的特点。西夏王陵三号陵园陵城和角阙形制具有西夏佛教的显著特点。研究人员在清理陵塔墙基周围的堆积物时，未发现有登临顶端的任何形状的阶梯、踏步，角阙附近也仅发现大量的砖瓦及脊兽残片，而未发现明显的方木支撑结构，由此专家们推测角阙之上应为一种实心的，用砖瓦、脊兽垒砌的高低错落的塔式建筑，而决非可以拾级而上的亭台楼阁，而在此出土的铜铃应为佛塔角端悬挂的装饰物。研究人员说这种在陵园中修建的佛塔式象征性建筑目前尚属首见，这可能与西夏尊崇佛教有直接关系，另外陵园所有角阙和门阙皆由一座座大小不一的佛塔组成，与陵塔遥相呼应，形成一座气势恢宏的具有浓郁民族特色的建筑群。研究人员推想，西夏王陵应是以高大宏伟的密檐塔状陵台为中心，四周围绕高低相间错落有致的佛塔群，从而使整个陵园充满尊崇佛法的宏大气势，突出了西夏王陵别具一格的建筑特色。

西夏王陵另一个与众不同之处是它放

置石像的位置。石像生自东汉创制以来，列于陵园正门外的神道两侧，成夹道之势。而西夏却将月城作为列置石像生之地，与传统的正门外神道两侧置石像生完全不同。考古工作者从月城残留的遗迹现象中，已找出了四条摆放石像生的夯土台基，台基呈窄长条形，南北长41.5米，东西宽3.7—3.9米。月城出土了数百块石像生碎块，研究人员根据石像生碎块的分布状况分析，一条夯土台阶上可能有5尊石像生，两条台阶上约摆放石像生10尊。三号陵园石像生的摆放状况可能是4排20尊，改变了宋陵将石像生群列于神道两侧一字排开的做法，这样使石像生更加集中、紧凑，缩短了陵园的南北纵向距离，形成了"凸"形的基本结构，与宋陵方形布局有明显不同。研究人员认为，把文臣武将集中摆列在月城，突出了皇家陵园的威严和气势。西夏陵月城的设置不同于宋陵，研究人员认为西夏陵园平面可能是仿国都兴庆府城之平面。陵园前凸出的一块，是仿常见的城门外之瓮城，突出了月城保卫陵园（陵城）的作用，可见西夏人仍按古代"视死如生"的丧葬要求设计陵园。 另外，研究人员在西夏王陵还发现了中原地区陵墓所没有的塔式建筑。据此有关专家推测，西夏王陵可能吸收了我国秦汉以来，特别是唐宋陵园之所长，同时又受到了佛教建筑的巨大影响，使汉族文化和佛教文化、党项民族文化三者有机地结合在一起。

西夏王陵以其独特之处吸引着众多研究者，而那一个个未解之谜也给它增加了几分神秘，使它备受人们的关注。

↓西夏王陵陵园遗址
每到黄昏，沉落在贺兰山后的斜阳总是忘不了向这些夯土墩送上一抹古铜色的余晖。这种日复一日的凭吊，如果从1038年西夏正式建国起算，已近千年。

岳阳楼 建造之谜

　　作为江南三大名楼之一，岳阳楼早已声名远扬，而北宋范仲淹的名作《岳阳楼记》更使其名传天下。范仲淹在文中说到滕子京重修了岳阳楼，然而，他的这一句话却让后人费了很多脑筋：岳阳楼是谁、又是何时首建？滕子京的重建，又是在哪一年？

　　实际早已难以考定岳阳楼的始建年代。南宋人祝穆就率先提出岳阳楼"不知创始为谁"的说法。在祝氏的《方舆胜览》卷二十九中载称："岳阳楼在郡治西南，西面洞庭湖，左顾君山，不知创始为谁。唐开元四年，中书令张说出守是郡，日与方士登临赋咏，自办名著。"

　　成书于宋理宗（1225 ～ 1264 年）在位时期的《方舆胜览》是南宋的一部地理总志，此书有一定史料

→范仲淹名作《岳阳楼记》石刻

价值，尤其对名胜古迹方面有比较翔实的记载。书中认为祝穆所说岳阳楼"不知创始为谁"是可信的。所以《岳州府志》也问道："岳阳楼不知俶落于何代、何人？"

岳阳楼到底"创始为谁"，后来有各种不同的说法，大多数人认为是张说始建。这种意见又有两种说法。这两种说法大同小异。

如浙江人民出版社编辑出版的《初中古代诗文助读》说岳阳楼"张说在唐代开元初年建造"。喻朝刚、王大博、徐翰逢编的《宋代文学作品选》又进一步确定了修建的具体时间，说岳阳楼是"唐开元张说做岳州知府时建的"。

第二种说法，讲岳阳楼"始建于唐"，此说法比较笼统。持这种说法的代表是新版的《辞海》。

第三种是指岳阳楼始建于周代说。如天津师专古典文学教研组编的《中学古代作品评注》中说，岳阳楼"相传建于周代，自唐代以来闻名于世"，这种说法不知是从哪里找来的依据。

在北宋以前，岳阳楼的修葺情况没有详细的记载，无从查考。原任庆路部署兼庆州（今甘肃庆阳）知州的滕子京在庆历四年（1044年），被谪为岳州知府，"越明年，政通人和，百废具（俱）兴。乃重修岳阳楼"。依照范仲淹的《岳阳楼记》中的说法，滕子京重修岳阳楼是在庆历五年，他们把"越明年"解释为第二年，即庆历五年。另一种如宋来峰在《"越明年"辨》一文（见《北京师范大学学报》1980年第6期）中认为，范仲淹应嘱作文，滕子京重修岳阳楼与巴陵郡的"政通人和，百废俱兴"同是一年——庆历六年。对"越明年"的不同解释导致这两种说法相异，但究竟孰是孰非，我们也不能妄下结论。

↑ 航拍岳阳楼

↑ 岳阳楼
位于今湖南省岳阳市洞庭湖畔。始建于唐，宋庆历五年重修，并因范仲淹的《岳阳楼记》而得享盛名，素有"洞庭天下湖，岳阳天下楼"之称。

→岳阳楼正面观
岳阳楼三层二檐，总高19.72米，是中国现存最大的盔顶建筑。

悬空寺之谜

↑远观悬空寺，只见其惊险奇绝，正如晋北民谣所唱："悬空寺，半天高，三根马尾空中吊。"

↑恒山山道

恒山自古为兵家必争之天险，既是守边之地，又是控制中原的要塞之处，山中有十八胜景，今尚存会仙府、九天宫、悬空寺等十多处。

悬空寺位于山西浑源县，距大同市65千米，是国内仅存的佛、道、儒三教合一的独特寺庙。属于国家重点文物保护单位。悬空寺始建于1400多年前的北魏王朝后期，北魏王朝将道家的道坛从平城（今大同）南移到此，古代工匠根据道家"不闻鸡鸣犬吠之声"的要求建成了悬空寺。 悬空寺距地面高约50米，悬空寺建造的位置山势陡峻，两边是直立100多米、如同斧劈刀削一般的悬崖，而悬空寺就建在这悬崖上，它给人的感觉像是粘贴在悬崖上似的，从远处抬头望上去，看见的是层层叠叠的殿阁，只有数十根像筷子似的木柱子把它撑住。而悬空寺顶端那大片的赭黄色岩石，好像微微向前倾斜，马上就要塌下来似的。于是有不少人用建在绝壁上的"危楼"来描述悬空寺，那么这座绝壁上的危楼又是怎么建造的呢？它又为什么要建造在悬崖绝壁上呢？又是什么原因使它历经千年仍旧保存得如此完好呢？

近些年来，专家们对悬空寺进行了多次实地考察，提出了许多新观点。有专家认为悬空寺之所以能够建在悬崖上，主要是由"铁扁担"把楼阁横空架起。专家们介绍说，从三官殿后面的石窟侧身探头向外仰望，会发现凌空的栈道只有数条立木和横木支撑着。这些横木又叫作"铁扁担"，是用当地的特产铁杉木加工成为方形的木梁，深深插进岩石里去的。据说，木梁用桐油浸过，所以不怕被白蚁咬，还有防腐作用。这正是古代修筑栈道的方法，悬空寺就是用类似修筑栈道的方法修建的，把阁楼的底座铺设在许多"铁扁担"上。与此同时，也有专家指出悬空寺之所以能够悬空，除了借助"铁扁担"之力以外，立木（即柱子）也立下了汗马功劳。这些立木，每条柱的落点都经过精心计算，以保证能把整座悬空寺支撑起来。据说，有的木柱起承重作用；有的是用来平衡楼阁的高低；有的要有一定重量加在上面，才能够发挥它的支撑作用，如果空无一物，它就无所借力而"身不由己"了。还有专家认为悬空寺全寺40间殿阁，表面看上去支撑它们的是十几根碗口粗的木柱，其实有的木柱根本不受力，所以有人用"悬空寺，半天高，三根马尾空中吊"来形容悬空寺。而真正的重心撑在坚硬岩石里，利用力学原理半插飞梁为基。也就是在山崖上先开凿好窟窿，将粗大的飞梁插到这些窟窿里，这插到山里的一大半支撑着楼体，露在外面的一小半便是楼阁的"基石"。这样，看上去像是空中楼阁平地而起，实际上楼阁的重心在山体。悬空寺到底是怎样建造的，专家们各持己见，争论不休。

那么悬空寺又为什么要建造在悬崖绝壁上呢？又是如何保存得如此完好呢？人们也是说法不一。有人说以前这里暴雨成灾，只好把寺建在悬崖上，悬空寺处于深山峡谷的一个小盆地内，全身悬挂于石崖中间，石崖顶峰突出部分好像是一把伞，使古寺免受雨水冲刷。山下的洪水泛滥时，也免于被淹。也有人说以前这里是南去五台、北往大同的交通要道，悬空寺建在这里，可以方便来

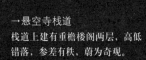

一 悬空寺栈道

栈道上建有重檐楼阁两层，高低错落，参差有秩，蔚为奇观。

↑夕阳下的悬空寺金碧辉煌，十分壮观。

往的信徒进香。而且浑河河水从寺前山脚下流过，当时常常暴雨成灾，河水泛滥，人们以为有金龙作祟，便想到建浮屠来镇压，于是就在这百丈悬崖上悬空修建了寺院。另外，也有人指出这里的山势好像一口挂起来的锅一样，中间凹了进去，而悬空寺恰好就建在锅底。这种有利的位置，不仅使得塞外凛冽的大风不能吹袭悬空寺，而且寺院前面的山峰又起了遮挡烈日的作用；据说，在夏天的时候，每天只有3个小时的阳光照射到悬空寺，这也正是悬空寺为什么能够历经千多年风吹日晒，仍然牢牢地紧贴在峭壁上的重要原因之一。近些年有的专家指出，悬空寺之所以历经千年而保存得如此完好，除上述原因外，也归功于它奇特的建造。悬空寺除一进寺门有一条长不及10米，宽不到3米的长方寺院可容数十人外，其余楼台殿阁尽由狭窄廊道和悬梯相连，游人只能鱼贯缓行，不会造成拥挤现象，这就大大减轻了游人对廊道和悬梯的压力。另外也有专家认为悬空寺还有一个与众不同的特点，就是"三教合一"。在寺院北端的最高层，有座三教殿，我国佛、道、儒三大教派的释迦牟尼佛、老子、孔子端坐一殿。自古以来，各教派为赢得百姓崇信，各执己见，争论不休，故天下寺殿多是分立，而悬空寺却将三教融入一殿，实为罕见。而悬空寺内佛、道、儒三教兼有，历代朝野臣民对其都倍加爱护，这也是其完好无损的一个重要原因。

远望悬空寺，其凌空欲飞，似雏燕展翅；近观，如雕似刻，镶嵌在万仞峭壁。"飞阁丹崖上，白云几度封。蜃楼疑海上，鸟道滑云中"。古代诗人用这样优美的诗句赞美悬空寺，并非夸张。唐朝大诗人李白游完悬空寺，大笔一挥，写下"壮观"二字。明代旅行家徐霞客当年游历到此，惊叹悬空寺为"天下巨观"。悬空寺以其独特的建筑风格和文化内涵吸引着古往今来的游人，那一个个至今尚未被世人解答的谜也给悬空寺增加了几分神秘。

↑山崖下的悬空寺

众说纷纭的明孝陵

据说，明孝陵是明代开国皇帝朱元璋和皇后马氏的合葬陵墓，坐落在紫金山南独龙阜玩珠峰下，东毗中山陵，南临梅花山，是南京最大的帝王陵墓，也是我国古代最大的帝王陵寝之一。

明孝陵规模宏大，建筑雄伟，形制参照唐宋两代的陵墓而有所增益。陵占地长22.5千米，围墙内宫殿巍峨，楼阁壮丽，南朝70所寺院有一半被围入禁苑之中。陵内植松10万株，养鹿千头，每头鹿颈间挂有"盗宰者抵死"的银牌。为了保卫孝陵，内设神宫监，外设孝陵卫，有5000到1万多军士日夜守卫。

↑朱元璋坐像
明孝陵就是明太祖朱元璋的陵寝。明孝陵于洪武十四年（1381年）开始营建，次年葬入马皇后。马皇后谥"孝慈"，故名"孝陵"。

明孝陵是明太祖朱元璋的陵寝建筑，但其地宫的具体位置在哪里，众说纷纭，史无定论。加之朱元璋下葬时曾有13个城门同时出殡和葬于南京朝天宫、北京万岁山等民间传说，因此朱元璋是否真的葬在明孝陵也成为数百年来人们心中挥之不去的谜团。

谜团之一：朱元璋是否葬在独龙阜？

专家们采用的精密磁测技术是根据物体磁场原理，通过探测地下介质（土、石、砂及人工物质）磁场的空间分布特征，根据其空间磁力线分布图像的不同，输入计算机分析，来判别地下掩埋物是否存在及其形制的。

最初的测网布置乃以明楼为中心。探测结果发现这条中轴线上没有想象中的地下构筑物。通过异常的向东南延伸的磁导信号，找到了宝城内明孝陵地宫的中心位置，确认朱元璋就葬在独龙阜下数十米处，而且这座地下宫殿保存完好，排除了过去流传的地宫被盗之说。

谜团之二：墓道入口在哪儿？

在对明楼中轴线以北的测网资料分析中，通道状并无连续的异常，相反以东拐向东南的线状异常。而且这种隧道状构筑物的异常是连续的，长度达到120米，具有一定宽度，内径为5-6米。同时判断，

←明太祖之妻马皇后像

↑明孝陵宝城

宝城又叫"宝顶"，为一直径约 400 米的圆形土丘，上植松柏，下为朱元璋和马皇后墓穴。

↑明孝陵神道

神道两侧布置 6 种石兽 12 对，这些石兽形体硕大，造型生动逼真。

该隧道状构筑物的入口之一位于明楼东侧的宝城城墙之下。

经地表调查，在相应的宝城城墙上可看到两处明显的张性破裂的裂口和下沉错位的痕迹，由此推测这里很可能就是隧道状构筑物即地下宫殿的入口之一。

谜团之三：墓道弯曲，是岩石"做怪"？

明孝陵与历代帝王陵寝相比，有许多不同之处，其中之一就是墓道弯曲不直。

通过探测，结果发现竟是两种不同的岩石所致。明楼以北的山坡，地下由两种不同岩石组成，西侧是下中侏罗纪的砾岩，东侧是稍晚的长石石英砂岩。这两种岩石本身的磁性差异很大，更奇怪的是，这两种不同岩体的接触界面呈南北走向，并且位置也靠近明楼中轴线，开始时被误认为是墓道。

由于西侧岩石硬度强，开挖困难，专家根据宝城内的地质特征，认为不排除存在这样一种可能：当年明孝陵的建筑工程主持者已注意到本地岩石的磁性差异，而修改了原有的施工方案。

明孝陵地宫确实在独龙阜下，其墓道偏于宝城一侧做法，起因是什么，目前尚不可知，但这种制度一直影响到明代后来的帝陵规制。如北京明十三陵中已发掘的定陵，其墓道入口便是偏向左侧，与孝陵墓道正好相反，但它们都避免把墓道开在方城及宝城中轴线上却是共同遵循的法则。

谜团之四：宝顶表面巨大的卵石有什么用？

考古人员还发现独龙阜山体表面至少60%的地方是经过人工修补堆填的，宝顶上遍布有规则排列的大量巨型卵石。

经过研究分析，这些巨型卵石是当年造陵工匠用双手从低处搬运上去的，是帝陵美学的要求，还是为了防止雨水对陵表的冲刷和盗陵者的掘挖？

明孝陵坐北朝南、依山傍水，堪称风水宝地。它留给世人的这些谜团也散发着神秘魅力，给后人留下了广阔的想象空间。

↑明孝陵

其周围筑有高墙，条石基础，砖砌墙身，为中国现存最大的帝王陵墓之一。

北京古城墙为何独缺一角

《光绪顺天府志》说，北京城雉堞 11038，炮窗 2108。内城周长约四十里。墙高 3 丈 5 尺 5 寸，围栏高 5 尺 8 寸，通高 4 丈 1 尺 3 寸。明洪武、永乐年间都重修加固城垣。宣德九年，以五城神机营军工和民夫修城垣。这时才把城垣外壁包上砖。正统元年到四年才建成九门城楼和桥闸、月城（平常叫瓮城）和箭楼等。城垣内壁也包上砖。各城门外立牌楼，内城四隅各立角楼。城外挖濠建石桥。嘉靖年间又在南边增修了二十七里的外城。修建北京城一直是"皇极用建，永固金汤"的大事。

↑ 月坛钟楼

全城以前门至地安门为中轴，正南正北，整齐如划。从 1972 年和 1975 年美国发射的两颗地球资源卫星在北京上方 900 多公里的高空拍摄的卫星照片上看，最为清晰的就数明代修建的内城城墙形象了。一般说来，城墙应修筑成方形的，我国的一些古城大都如此。可是北京内城城垣的西北角却不呈直角，城墙到了这里，却成了东北——西南走向的。这究竟是为什么呢？

长期以来，人们解不开这个谜。

有人说，从地形上分析，这是因为：元时大都的北城墙，在现今德胜门和安定门以北五里处，至今遗迹犹存。它的西北角并无异常，是呈直角的。明代重修北京城，为了便于防守，放弃了北部城区，在原城墙南五里处另筑新墙。新筑的北城墙西段穿过旧日积水潭最狭窄的地方，然后转向西南，把积水潭的西端隔在城外，于是西北角就成了一个斜角。明初时，积水潭的水远比现在要深得多，面积也大得多。

↑ 中和殿内景 紫禁城

为了城墙的坚固和建筑的需要，城墙依地形而呈抹角是合乎情理的，所以这种观点被很多人所接受。

第二种说法是，从国外卫星影像分析，北京城西北角既有直角墙基的影像，又有斜角的墙基影像。这两道墙基的夹角为35到36度，正东正西墙基线正位于元代海子西北端北岸附近，和东段城墙在同一纬线上，这说明这里确实曾修过城墙。可是为什么没有修成呢？通过卫星影像还可以看到，从车公庄到德外大街有一条地层断裂带，正好经过城的西北角与那段直角边斜向相交。现在的北京城是明朝永乐年间修建的，建城时北京城四角都是直角。但明清两代，北京及其附近地区经常发生强烈地震，每次地震北京城西北角从西直门到新街口外这段城墙都要倒塌。虽经重修多次，但无论建得怎样坚固，总是被地震震塌。经风水先生察看，原来地下地基不牢，可能有活断层。皇帝陛下不得不屈服于地震的威力，决定将西北角的城墙向里缩小一块，避开不稳定地段。以后北京地区又经历几次地震，再没有倒塌。这就是为什么缺一个角的原因。

第三种说法是，北京城处处的设计都有含义，其中不修全可能是因为上天的暗示。如紫禁城这个名字取自紫微星垣，紫微星垣系指以北极星为中心的星群。古人认为紫微星垣乃是天帝的居所，而群星拱卫之。所以自汉以来皇宫常被喻为紫微。为佐证这个说法，紫禁城内特意设有七颗赤金顶（分别是五凤楼四颗，中和殿、交泰殿、钦安殿各一颗），喻北斗七星。有七星在此，谁能说不是天上宫阙？所以北京城墙缺一角必然有什么含义。其中就有这么一个故事，在明初年，燕王修建北京城，命手下的两个军师刘伯温和姚广孝设计北京城的图样。他们俩在设计的时候，不知为什么眼前都出现了哪吒的模样，他们很害怕，哪吒说不用害怕，我是上天派来的，告诉你们要如何建造都城，你们按我手中的图建造吧。于是两个人就都各自照着画了。姚广孝画到最后，吹来了一阵风，把哪吒的衣襟掀起了一块，他也就随手画了下来。后来建城的时候，燕王下令：东城照刘伯温画的图建，西城照姚广孝画的图建。姚广孝画的被风吹起的衣襟，正好是城西北角从德胜门到西直门往里斜的那一块，所以至今那里还缺着一个角呢！

北京城墙缺少一角是因为上面哪个原因，或者都不是，不得而知。不过令人叹息的是，北京城墙现在都被拆了，有人说那是一个终会让人后悔的决定。

←钟楼与鼓楼

中国故宫为何称为紫禁城

故宫旧称紫禁城。明永乐四年至十八年，明成祖开始修建故宫，历经明、清两代24个皇帝在此执政。

紫禁城为皇家宫殿，红墙黄瓦，金碧辉煌，为什么称皇家宫殿为紫禁城呢？大致有如下三种说法：

一种说法认为这与古时候"紫气东来"的这个典故有关。传说老子出函谷关，有紫气从东至，被守关人看见，未久，老子骑着青牛冉冉而来，守关人便知道这是圣人。守关人

↑故宫午门

午门乃禁宫正门，气势巍峨，外观峻严，初建于明永乐十八年，清顺治四年更建。建于高台之上，平面呈口形，中辟方门三道。上建木构门楼，由中部九间、四角方亭五间及东西庑各十三间合成。乃举行献俘、降诏等重大仪式。

请老子写下了著名的《道德经》。因此紫气便被认为具有吉祥含义，预示着帝王、圣贤和宝物出现。杜甫的《秋兴》诗曰："西望瑶池降王母，东来紫气满函关。"

从这以后古人就把祥瑞之气称为紫云，传说中的仙人居住的地方称为紫海，将神仙称为紫皇，把东京城郊外的小路称为紫陌。紫气东来，象征吉祥，由此可知紫禁城中"紫"大有来头。

皇帝居住的地方，防备森严，寻常百姓难以接近，所以称为紫禁城。

←老子骑牛出关，紫气东来，祥瑞之气是否真给偌大的皇城带来吉祥？

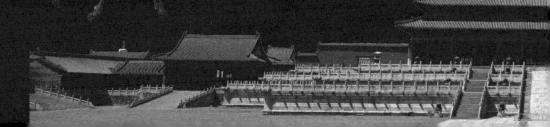

另一种说法认为紫禁城的来历与迷信和传说有关。皇帝自命为是天帝之子，即天子。天宫是天帝居住的地方，也自然是天子居住之地。《广雅·释天》曰："天宫谓之紫宫。"因此皇帝住的宫殿就被称为紫宫。紫宫也称为紫微宫，《后汉书》说："天有紫微宫，是上帝之所居也，王者立宫，象而为之。"《艺文类聚》记："皇穹垂象，以示帝王，紫微之则，弘诞弥光。"

还有一种说法认为紫禁城的来历与古代"皇垣"学说有关。古时，天上星垣被天文学家分为三垣、二十八星宿及其他星座。三垣指太微垣、天市垣和紫微星垣。而紫微星垣是代称天子的，处于三垣的中央。紫微星即北斗星，四周由群星环绕拱卫。古时有"紫微正中"之说和"太平天子当中坐，清情官员四海分"之说。

↑故宫太和殿云龙石刻御路

太和殿云龙石刻御路在殿前正面中央，大块青石雕刻而成，两边施以青石阶及汉白玉栏。刻工精细，下有山海之势，上有盘龙戏珠之妙，云气腾绕，可谓气象殊观。

既然古人将天子比作紫微星垣，那么紫微垣也就成了皇极之地，所以称帝王宫殿为紫极、紫禁、紫垣，"紫禁"的说法早在唐代即已有之。王维《敕赐百官樱桃》诗曰："芙蓉阙下会千宫，紫禁宋樱出上兰。"北京故宫占地 1087 亩，南北长 961 米，东西宽 753 米，周长约 7 华里，全部殿堂屋宇达 9000 多间，四周城墙高 10 余米，称这座帝王之城为紫禁城不仅名副其实，且含天子之城的意思。考察故宫中的建筑，象征着"天"的崇高和伟大的太和殿，位于故宫中极，是最高大突出的地方；象征着天和地的乾清、坤宁二宫紧密相连接；它们两侧的日精、月华二门，象征着日和月；而象征着十二星辰的东西六宫以外的数组建筑则表示天上的群星。这些象征性的建筑群，拱卫着象征天地合璧的乾清、坤宁二宫，以表明天子"受命于天"和"君权神授"的威严。

故宫的旧称——紫禁城，从"星垣"学来看，其命名与建筑设计可以说是高度统一、珠联璧合的。

中国明十三陵碑文之谜

明王朝自朱元璋创立后，历经几百年，其间有辉煌也有没落，资本主义的萌芽就是从由明王朝培养出来的，在中国历史上，它占有举足轻重的地位。明王朝为历史留下许多不解之谜，其明十三陵的无字碑之谜，便给后人留下许多想象的空间，这里面蕴藏着何种奥秘呢？

在这十三陵中，只有明成祖朱棣的石碑上有碑文，这块长陵石碑，正面刻有"大明长陵神功神儒碑"字样，下面刻有朱棣儿子明仁宗亲自题写为其父歌功颂德的 3000 余字的碑文。既然十三陵中的第一陵有碑文，其余十二陵为什么不刻上碑文呢？

↑雕琢如此精细的石碑竟无一字，功过是非留给后人评说。

←十三陵石狮

　　顾炎武在访问十三陵之后，写出的《昌平山水记》中，他这样说，传说嗣皇帝谒陵时，问过随从大臣，"皇考圣德碑为什么无字？"大臣回答说："皇帝功高德厚，文字无法形容。"而《帝陵图说》给出了另外一种解释，《帝陵图说》写道，明太祖朱元璋曾说："皇陵碑记，都是大臣们的粉饰之文，不能教育后世子孙。"他这一批评，使翰林院的学士们，再不敢写皇帝的碑文了。后来，写碑文的任务，便落在嗣皇帝的肩上。所以孝陵（太祖）碑文是成祖朱棣亲撰，而长陵（成祖）的碑文，是明仁宗朱高炽御撰。

　　但明仁宗以后各碑的碑文，为何嗣皇帝不写了呢？依照这种说法，长、献、景、裕、茂、泰、康七陵门前，并没有碑亭和碑。到了嘉靖时才建，嘉靖十五年（1536 年）建成，当时礼部尚书严嵩，曾请世宗撰写七陵碑文，可是嘉靖帝迷恋酒色，又一心想"成仙"，哪有心思写那么多的碑文，因此就空了下来。

　　世宗以外的各皇帝，看到太祖碑上无字，自己也就不便只为上一代皇帝写碑文，但如果都写的话，也没有太多的精力。因此，

→明十三陵每座陵都称作宫，陵门后是棱恩殿，殿后是宝城，前端建有明楼，竖立石碑，上刻皇帝谥号。陵宫前除长陵外均有一座不刻字的石碑，或许旨在以示皇帝功德无极。

↑明十三陵

明十三陵位于北京市昌平区天寿山下，从1409年始建长陵起，至1644年修建思陵止，历时200余年。各陵布局前方后圆，规模宏大，布局严谨，俨然是紫禁城在另一世界的再现。

一代一代的皇帝传下来，就出现了这些无字碑。实际上，自明朝中期以后，皇帝多好嬉戏，懒于动笔，而最主要的原因是，如不加以粉饰，他们所谓的"功德"已不能直言了，因而这些皇帝干脆不写了。

还有人认为，这些皇帝做法是效仿武则天。因为"武则天是一个聪明的人，'无字碑'立得真聪明，功过是非让后人去评论，这是最好的办法"。这些皇帝们知道自己有可以肯定的地方，但同时肯定也有应该否定的地方。他们知道对自己的一生人们会有各种各样的评价，碑文写得好坏都是难事，因此才决定立"无字碑"，功过是非由后世评说。

不管这些说法怎样，到现在，这些无字碑还在十三陵中，同它们身后的皇帝一起，真正是做到了"功过是非由后世评说"。

→十三陵文官石雕

明十三陵有众多被称为"石像生"的石雕刻。除狮子、獬、骆驼、象、麒麟、马等石兽雕刻外，还有武将、文臣、勋臣等石像生。这些雕像为研究明代雕刻和衣饰提供了珍贵的资料。图为十三陵文臣石雕。

吴哥窟
的真正用途到底是什么

↑吴哥城寺庙中心的圣塔

吴哥窟是由高棉王苏利亚瓦尔曼二世在1113年兴建的。当时的高棉王朝，比同时代的欧洲还要先进。苏利亚瓦尔曼二世出动了全国最好的工匠、彩绘师、建筑师及雕刻家，历时37年才完工。整座建筑是用巨石一块块砌成，没用上石灰水泥，更没用上钉子梁柱，充分展示出古人的建筑巧思。

吴哥窟是世界上最大的寺庙，整座建筑的结构源自印度神话中"宇宙"的概念，位于中央的尖塔象征着世界的中心，也是太阳神梵天毗湿奴（Vishnu）所居住的圣山，并被代表东西南北四向的四座尖塔所环绕；四周的护城墙仿自喜马拉雅山峰，围绕着大地；大地之外是由宽190米，长共5.2千米的壕沟所环抱着，象征的是无垠浩瀚的大海。

吴哥窟的建筑可分东西南北四廊，每廊都各有城门。从西参道进去，经一段长约600米的石板路后，方是正门。伫立在吴哥窟的外墙往里头看，让人深受震撼，虽然已成废墟，但是这座建筑还是很壮观，很难想象在它全盛的时候的磅礴气势。

吴哥窟，有的不光是震撼人的气势。

在吴哥窟的三重回廊中，处处是雕刻精美的浮雕，从欢乐的天堂到苦惨的地狱，从至尊的国王到平凡的庶民，天神的欢愉、史诗的传说、光荣的圣战、市井的欢闹，都活灵活现地呈现在褪去色彩的墙上。

在吴哥窟的浮雕中，最引人注目的是一群名叫"Apsara"的美丽仙女，她们无所不在，墙角下、窗台下、转角处，处处可见芳踪，雄伟的吴哥窟因有了她们的点缀而鲜活了起来，传说她们是在一场由梵

↑吴哥城出土的女子立像
其丰乳纤腰，体姿优美，曲线
轻柔，肩上的断臂似乎与维纳
斯的有三分神似，透出一种神
秘的美感。

↑吴哥窟遗址远观
吴哥窟堪称一座雄伟庄严的城市，东西长 1040 米，南北长 820 米，周围还有
类似护城河的宽 200 米的灌溉沟渠守卫着。

天毗湿奴在牛奶做成的海上所主导的拔河比赛中，双方队伍
为了获得比赛的大奖——甘露灵药，而在乳海的激烈争斗
中所激荡出的浪花变成，这场著名的比赛‘搅动牛奶海’
(Churning of the Sea of Milk)，八百多年来一直在吴哥
窟的第一回廊上精彩地上演着。

这些呈现舞蹈形态的天女雕像都裸露上身，头戴华丽的
头冠，显得雍容华贵。浮雕造型各异，有的拈花微笑，有的
翩翩起舞，姿态之优美，雕功之精巧实在令人惊叹。最特别
的是呈现在天女雕像脸上神秘的微笑，比起让西方人迷醉的
蒙娜丽莎真是有过之而无不及。

天女原来是由浪花变成的精灵，难怪有着如此窈窕的身
段以及曼妙的舞姿。细细品味她们以鲜花做成的头饰、柔腰
下的轻纱半掩着姣好的身材，轻拈着一株小花，脚踩着飘飘
的莲座，嘴上一抹优雅的微笑，真是美极了！

天女的美，在日出及黄昏时最令人动容。这群可爱又美
丽的仙女，以浅浅的笑容及自在的舞姿，迎接及欢送着日复
一日的曙光与夕阳，陶醉于她们在阳光的洒射下所产生微妙
的光影变幻，使人仿佛像她们一样飘飘地飞舞了起来。

吴哥窟的五座长得像玉米穗的尖塔，是圣山的象征，凡人想上这圣山，可不是件容
易的事。吴哥皇城时期的庙堂，楼梯建得又高又陡，约一只脚的宽度，加上约 60 度的坡度，
边爬边让人冷汗直流。第一次爬上主殿时，人们须手脚并用地专心爬着，战战兢兢地不
敢分心，两手慢慢地扶着上头的阶梯，两脚再接着慢慢地亦步亦趋向上前进，几乎五
体投地趴在阶梯上，仿佛人们可以感受到建筑师的用意，神的居所，哪能大摇大摆地

走进，上圣山，用的应该就是这种卑微的姿势及惶诚的心情。

这道通往天堂的楼梯，爬得还真是值得，吴哥窟的主殿是观看夕阳及日出的好地方，也是偷得浮生半日闲，睡午觉的好去处。坐在阴凉的回廊中，细看着尖塔上的浮雕，四周是檀舞的仙女围绕着，或是登高望远，清晨摸黑爬上来等着迎接日出、傍晚沐浴在金色阳光中，不失为人生的一大幸事，吴哥窟，不只是座神的庙宇，也是人间对天堂的极致想象与体现。

吴哥窟主殿前是一座"田"字形的走廊，要从这重重叠叠的走廊登堂入室进入主殿还不是一件容易的事。首先你得手脚并用地爬上斜度达70度，阶面狭窄、梯级又高的石阶，就算没有畏高症的人爬起来恐怕也会心惊胆跳！其实东西南北任何一座石阶皆可爬上吴哥窟的主殿，但在这些石阶上只有向西的石阶有细细的扶手，若不想"一失足成千古恨"，还是用此石阶为妙。

吴哥窟依据兴都教的世界观而建。据说，世界的中心是一座位于大海之中的高山。这座高山就叫须弥山，是众神仙居住的地方。须弥山周遭有四岳，日与月在山腰间运行。须弥山的周围是四大洲，这便是吴哥窟主殿五座宝塔的设计蓝图了。此外，高山也被七重山、七重海一层层地围绕。最外层的山是铁早山，是世界的边缘。这里指的便是环绕着主殿而建的重重回廊和护城河了。

关于吴哥窟建造的真正用途至今仍是一个谜，由于它的入口朝西，因此也有学者推断吴哥窟事实上是一座陵寝，但至今尚未有任何丧葬文物出土。也有学者认为它并非陵墓，而是一个提供心灵慰藉的宗教中心。理由是当初苏利亚瓦尔曼二世建立吴哥窟是为了供奉兴都教的维希奴神。由于维希奴神的代表方向是西方，所以吴哥窟是吴哥古迹里少数大门朝西的建筑。但是由于西面亦代表死亡，高棉人把吴哥窟称为葬庙似乎也是有道理的。

↑即使已变成废墟，吴哥城的景致依然迷人。

↑四面塔群

在吴哥窟，几百座设计独特的宝塔林立，壮观雄伟。人们推测当年在此建都的民族的文化一定十分发达，他们那高超的建筑技术在世界建筑领域堪称一流。

扫码获取更多资源

↑ 婆罗浮屠（局部）
佛塔是由附近河流中的安山岩和玄武岩砌成的。这些小塔每个都罩着
一个环绕着中央大塔而建立的佛像，构图精美，气势磅礴。

婆罗浮屠为何没有文字记载

印度尼西亚爪哇的婆罗浮屠是最奇异的佛教塔庙。它矗立在丛林的树冠之中，像一个巨大的花式冰蛋糕。塔庙由夏连特拉王朝的佛教统治者建于 8 世纪－9 世纪。

在 1006 年，婆罗浮屠周围的居民因地震和附近一座火山喷发而纷纷逃离。这个地区似乎已被遗弃，直到 1814 年才重新被发现。在 20 世纪 70 年代和 80 年代，对婆罗浮屠进行了一次大规模的修缮，用电脑技术将石块进行复位，婆罗浮屠重新放射出瑰丽的佛教艺术的光辉。

婆罗浮屠意为"山丘上的佛塔"，也称"千佛坛"，属佛教东南亚分支的建筑文化。坛为实心，由 30 万块石头紧紧砌合而成，最大的竟重达 1 吨多。它的外形是呈阶梯状的锥体，总高 35 米，共分 9 层。塔基是一个边长为 110 米的四方形的台，下面 6 层为折角方形，象征茫茫大地；上面 3 层变为柔润的圆形，象征着恢宏广宇。底部四周有石级道直通其上。上面 3 层圆台基上还设有许多小塔（其中第七层 32 座，第八层 24 座，第九层 16 座），共 72 座环绕大塔，这些小塔上都刻有许多透光的孔洞，形似竹篓，所以又有人叫这个婆罗浮屠为"爪哇佛篓"。锥体的顶端是一个大佛塔，直径约有10米，与我国北京的妙应寺白塔不但形似而且神似。

这座石塔每层都设有回廊，左右壁面上均刻有精美的浮雕，内容有《佛传》、《本生事》、《华严五十三参之图》等故事，一幅接一幅，好像一本绵延不绝叫人不忍释卷的连环画，不仅情节吸引人，就连形象也是那么逼真，更不用提它的雕刻技法有多么细腻动人了。全塔2000多面浮雕，是佛教艺术中的珍品，更是世界闻名的石刻艺术宝库，有"石块上的史诗"之称。

婆罗浮屠是8至9世纪印尼夏连特拉王朝最伟大的建筑。可是，这个为后人留下千年不朽佛坛的王朝，却缺少文字记载，它的历史面目，它的来龙去脉，后人知之甚少。因而，围绕夏连特拉王朝因何建筑千年佛坛，人们有诸多不同的意见。

一些学者的结论是：婆罗浮屠是爪哇人祖先建造的。夏连特拉王朝本是爪哇一个崇尚佛教的王族，它兴起和强盛之后，统治者为了在人民心中树立一个崇拜的偶像，不惜动用大量的人力和物力，修起了这座宏伟的佛教建筑。在一些表现佛陀生活的群雕中，多处出现爪哇祖先居住的房屋、庙宇以及生产工具，这就是证明。

↑婆罗浮屠（局部）
婆罗浮屠底部是基坛，往上是方形坛和圆坛，它们分别代表欲界、色界和无色界。

● 婆罗浮屠

大现佛教在于世纪的东内称为"兔陀罗"，婆罗浮屠不兰最像一个巨大的立体曼陀罗，基本构造是个塔形，高约33.5米，地往上越小，由数层方形或圆形的工建成。

↑回廊外墙上的佛像

回廊外墙上有 432 座佛像，面向外安放。这些佛像面对的方向和相貌姿态各有不同，含义也不同。

　　印度学者持有不同看法。他们认为夏连特拉是梵文"山岳之帝"的音译，而"山岳之帝"是当时印度对湿婆神的尊称。南印度潘迪亚王朝就有"米南基塔·夏连特拉"的称号。由此可见，建造婆罗浮屠的夏连特拉人可能是南印度潘迪亚人。同时雕塑明显带有浓郁的印度古典色彩和陵庙风格。

　　有人则主张婆罗浮屠的根在佛教古国柬埔寨。因为柬埔寨历史上曾有一个扶南王国，扶南君主也号称"山岳之帝"。扶南王朝与夏连特拉王朝的年代十分接近，可能是爪哇的一个王子与扶南的一个公主结为夫妻，承袭了"山岳之帝"的称号，而婆罗浮屠则是扶南佛教传播到夏连特拉的结晶。婆罗浮屠的真实面目，至今还是个谜。

　　今天，婆罗浮屠是南半球上著名的古迹，它与中国的长城、埃及的金字塔和柬埔寨的吴哥窟一道，合称为东方的四大古迹。

昔日繁荣的佛教圣地 ——鹿野苑

　　有关鹿野苑有许多美丽而神秘的传说，它是世界有名的佛教圣地，佛祖释迦牟尼的名字与这个美丽的地方渊源极深。根据记载，佛祖释迦牟尼佛在菩提树下得道后，初转法轮于鹿野苑，在此度5比丘，佛教从此广为传播，鹿野苑也因此而天下闻名。

　　相传佛祖考虑了7天，最终决定为天下众生说法，以求用大慈大悲的心愿使众生早日从苦海脱离出来，从而登上极乐世界的彼岸。又过了7天，释迦牟尼佛反复观照所有烦恼，以及众生根基因缘所在。14天之后，他便决定应当立刻到世间说法。然而应该从何处开始呢？

　　释迦牟尼最后想到大臣、国师所派遣的伺候照顾他的5个人，这5人道行根基很深，

↑菩提树
相传佛陀就是在这棵树下悟道的

→佛陀说法图

● 佛陀鹿野苑宣法

于是决定先度化他们。

鹿野苑位于波罗奈河和恒河之间，并且有一片茂密的森林，环境幽静，是修行的绝佳场所，伺候照顾他的5个人就在这片森林的苦行林中进行苦修。

说起鹿野苑这个名称的由来还要牵扯到一段美丽动人的传说。很久很久以前，在一个森林里，有一只鹿王雄伟而奇特，它带领着几千头梅花鹿共同生活在一个山清水秀的好地方。

不幸的是这一带出现了一位喜欢吃鹿肉的国王，他每隔三五天到森林里来猎鹿。每一次他都带来很多牵着猎狗、架着猎鹰的士兵，团团围住森林，鹿王每一次带领鹿东奔西跑、狼狈躲避，历尽艰辛才可以逃出包围圈；但每次总有不少鹿或被活捉，或死于士兵的乱箭之下，或从山崖跌下，或堕入陷阱，或被泥淖吞没、被荆棘扎伤。

经过再三考虑以后鹿王动身到王城中，它走到国王跟前跪下说："我们生活在大王的国境内，指望大王能庇护我们，使我们安居乐业。听说大王好吃鹿肉，我们也不敢躲避，只希望大王能把每天需要的鹿的数量告诉我们，我们一定互相推选，每日如数自愿前来，绝不失言"。

辞谢了国王后，鹿王返回森林中，把群鹿召集在一起，向大家宣布了与国王谈判的结果。从此以后，每天都有一头鹿自动走进宫中，国王再没去森林中猎过鹿。

这天，轮到一头大母鹿前去送死。但这头大母鹿眼看即将分娩，于是鹿王主动要求代替母鹿受死。国王为这种情景所感动，于是让厨师放了鹿王，从此不再吃鹿肉，并下令全国军民，此后不准伤害鹿，如若违犯，必严惩不赦。

鹿王返回森林，又和群鹿无忧无虑地生活在一起。很快这片森林便成了鹿的天堂，于是人们把这块美丽而充满欢乐的森林称为鹿野苑。

后来鹿野苑又因成为释迦牟尼佛初转法轮的处所而举世闻名。中国高僧玄奘于公元7世纪赴印度求经时，鹿野苑还是一片繁华，亭台楼阁，琼楼玉宇，甚是壮观。后来它逐渐荒芜，但有关它的美好传说仍在世间广为流传，其佛教圣地的超然地位也永远不会改变。

←佛陀坐像

佩特拉城为什么被遗弃

↑ 图为佩特拉古城"金库"
它位于峡谷出口，是一座依山凿出的巨大殿堂，传说这是历代佩特拉国收藏财富的地方。

↑ 佩特拉古城宫殿
在佩特拉，宫殿中有正殿和侧殿，石壁上还留有原始壁画。

佩特拉是约旦著名的古城遗址，位于约旦安曼南 250 千米处。它是从岩石中雕琢出来的，并以岩石的色彩而闻名于世。佩特拉因其色彩而常常被称为"玫瑰红城市"。实际上，这里的岩石不只呈红色，还有淡蓝、橘红、黄色、紫色和绿色。佩特拉在希腊语里是"岩石"之意，这个名字取代了《圣经》中的"塞拉"一词。据一些神话传说，这里是摩西（古代希伯莱来人的领袖）点出水的地方。

佩特拉古城处于与世隔绝的深山峡谷中，位于干燥的海拔 1000 米的高山上，几乎全在岩石上雕刻而成，周围悬崖绝壁环绕，其中有一座能容纳 2000 多人的罗马式的露天剧场，舞台和观众席都是从岩石中雕琢出来，与山岩巨石浑然一体。

106 年，古罗马人接管佩特拉以后，该城市仍然十分繁华。但后来因贸易路线改变了，佩特拉的重要性因此大为削弱。最终它被遗弃了，直到 1812 年后才被人发现。

到了 20 世纪，佩特拉成为旅游胜地，同时也成了严肃的考古课题。

考古队考察了佩特拉的石雕墓地和庙宇，研究者们确定佩特拉建筑融入了埃及、叙利亚、美索不达米亚、希腊以及罗马的建筑风格，展示出一个多国文化交流中心城市的风貌。然而，近期的一些重要研究却越过著名的石雕纪念碑，去揭示了这座古城的新面容。

↑佩特拉古城俯瞰

佩特拉，希伯来语中是"岩石"的意思，因为整座城市是在岩石上雕琢出来的，山谷的岩石呈朱红色或褐色。在朝阳或晚霞的映照下，城中的建筑都变成了玫瑰色，所以也被称为"玫瑰红古城"。

　　过去多年的研究都把注意力聚集在那些墓地上，结果人们常把佩特拉当成是一个大墓地，一个亡灵之城。而今天的考古学则对佩特拉人的生活方式越来越感兴趣。考古研究者们正在追寻后来被罗马人重铺过的、过去的纳巴泰商道的痕迹；他们正在发掘三个大市场：那里曾店铺林立，过往商队赶着骆驼骑着马步经过，可谓车水马龙，好不繁华；他们也在研究由纳巴泰人发展起来的蓄水设施。该设施包括一个岩石中开凿出来的大蓄水池（或称水库）和一条水渠；水池用来收集泉水和雨水，并通过水渠把水送给城中心的一个较小的水池，纳巴泰人还从喷泉处直接安装了许多陶管，把水引向城市各地；佩特拉沦为罗马的一个省后，罗马人又改进了纳巴泰的供水设施。

　　当今学者们估计：在全盛时期，佩特拉城居民多达3万，城市规模远比早期欧洲人估计的大得多；大多数建筑物并非都雕琢在岩壁上，而这些独立的建筑，随着年代的推移，逐渐沦为废墟，随后又被千年风沙所淹没。事实上，佩特拉城的大部分还有待发掘，众多的谜底还等待人们去揭示。1994年，一位在此地工作的考古学家说："大多数的城市建筑都埋在了自然沉积的沙中。这里风极大，我希望我们能发现1-2高层的保存完好的建筑。"

考古学家们还竭力想解答一个最令人困惑的问题：佩特拉为什么被遗弃？即便它失去了对商道的控制权，仍然可以幸存下来，那么为什么它又没有幸存下来呢？据分析，可能是天灾导致佩特拉城的衰亡。363年，一场地震重击了佩特拉城，震后，许多建筑沦为废墟，房屋的主人们无力或者无心思将它们修复，"沿着柱廊街道看看那些商店你就明白了。店主们嫌麻烦，不愿打扫清理碎石，宁愿在震倒的建筑前重建房屋"。参加过发掘拜占庭教堂的

ACOR组织成员日比纽·菲玛说："这是城市财富与秩序开始衰退的迹象。"551年，佩特拉城再次遭受严重的地震，也许那次地震震塌了拜占庭教堂；随后教堂又受到震后蔓延全城的大火袭击，羊皮纸卷也就在火灾中被毁坏了。

然而为什么许多城市都能在地震和火灾之后重建，而佩特拉却不能呢？1991年，一群亚利桑那的科学家们在《贝冢》一书中给了答案，他们研究过那些鼠、兔和啮齿类动物的贝冢或者说巢穴。这一类动物

↓哈兹纳赫殿
在佩特拉古城，高大雄伟的殿堂排布在周围山崖的崖壁上，门槛相间，殿宇重叠，十分壮观。图为佩特拉古城中的哈兹纳赫殿。

都惯于收集棍子、植物、骨头以及粪便一类的东西。动物的巢穴被它们的尿水浸透，尿中的化学物质硬化，便可形成一种胶状物质，防止穴中的东西腐烂。据发现，有的贝冢已有4万年之久，盛满了贝冢形成年代的植物和花粉的标本。每一个贝冢都犹如一个揭示历史的时间仓。

科学家们研究了大量的佩特拉贝冢，发现在早期的纳巴泰人时代，橡树林和阿月浑子林遍布佩特拉四周的山地；然而到了罗马时代，大量的森林消失了。人们为了建房和获取燃料砍伐了大量的木材，致使林区衰变成为灌木林草坡带；到了900年，这种衰退进一步恶化，过分地放牧羊群使灌木林和草地也消失了，这个地区逐渐沦为沙漠。科学家们认为环境恶化是导致佩特拉衰亡的因素之一：当周围的环境再也无法为庞大的人口提供足够的食物和燃料时，城市就彻底消亡了。

佩特拉如同一本仅被读过几页的书，在发现拜占庭教堂之后不久，菲玛又留意到了一根拔地而起的花岗岩石柱。"约旦国境内没有花岗石，"他对来访者解释道，"肯定来自埃及。看着那根花岗石柱，我常常在想，地下面究竟埋藏着什么。一座皇宫？一座教堂？无论你走到佩特拉城的何处，你都会面对这样一些谜。"

目前，佩特拉城几乎还未被人触及过，我们期望会有许多惊人的发现等待着我们，这是一个一流的考古地，一个中东最大的考古宝藏。

←佩特拉古城外的峡谷
佩特拉古城建在海拔950米的山谷中。进入佩特拉古城，要通过这条1500米长的峡谷，走出峡谷，是宽广的谷地，豁然开朗，一座宏伟的古城便呈现在人们的眼前。

巴比伦"空中花园"的建造之谜

在 2500 年前,一名希腊经师写下了眩人耳目的七大奇观清单:罗德岛巨像、奥林匹亚宙斯神像、埃及金字塔、法洛斯灯塔、巴比伦空中花园、以弗所阿提密斯神庙以及毛索罗斯王陵墓。这位经师说:七大奇观,"心眼所见,永难磨灭"。这就是所谓世界七大奇观的由来。

巴比伦空中花园当然不是建在空中,这个名字纯粹是出自对希腊文 paraddeisos 一字的意译。其实,paraddeisos 一字直译应译作"梯形高台",所谓"空中花园"实际上就是建筑在"梯形高台"上的花园,后来蜕变为英文 paradise(天堂)。

巴比伦空中花园是什么时间建造的呢?

一般认为,巴比伦空中花园是在幼发拉底河东面,距离伊拉克首都巴格达大约 100 千米,是堪称四大文明古国之一巴比伦最兴盛时期尼布甲尼撒二世时代(前 604~前 562 年)所建。

千年古都巴格达曾是阿拉伯鼎盛时期阿拔斯王朝的首都,向来以文学艺术和雕塑绘画著称于世,世界名著《一千零一夜》中许多故事的出处都在巴格达。然而,美丽巴比伦空中花园究竟在哪里呢?

据历史记载,巴比伦是前 626 年迦勒底人建立的新巴比伦王国的遗址,主要由阿什塔门、南宫、仪仗大道、城墙、空中花园、石狮子和亚历山大剧场等建筑组成。遗址一直埋在沙漠中,直到 20 世纪初才被发现。而汉谟拉比(前 1792~前 1750 年)时代的古巴比伦王国遗址,至今还被埋在 18 米深的沙漠底下。

在遗址宫殿北面外侧不远的一堆矮墙中间是一个深深的地下室,散发出一种异样的味道,原来这就是空中花园的所在地,阿拉伯语称其为"悬挂的天堂"。据说,花园建于皇宫广场的中央,是一个四角锥体的建筑,堆起纵横各 400 米,高 15 米的土丘;共有 7 层,每层平台就是一个花园,由拱顶石柱支撑着,台阶并铺上石板、芦草、沥青、硬砖及铅板等材料,眼前只有盛开的鲜花和翠绿的树木,而不见四周的平地;同时泥土的土层也很厚,足以使大树扎根;虽然最上方的平台只有 20 平方米左右,但高度却达 105 米(相当于 30 层楼的建筑物),因此远看就像似一座小山丘。

历史学家更有甚言:"从壮大与宽广这一点看,空中花园显然远不及尼布甲尼撒二世宫殿,或巴别塔,但是它的美丽、优雅,以及难以抗拒的魅力,都是其他建筑所望尘莫及的。"前 1 世纪作家昆特斯·库尔提乌斯这样描述这座空中花园:"无

↑汉谟拉比头像

他是公元前第二个千年间在位的伟大的古巴比伦国王，他曾将整个美索不达米亚都置于其统治之下。

数高耸入云的树林给城市带来了荫蔽。这些树有12英尺之粗，高达50英尺。从远处看去，如茵的灌丛让人以为是生长在高大巍峨、树木繁盛的山上森林。"

然而这么豪华的"天堂"现在却什么也看不到了，只有一段修复后的低矮墙中残留的一小块原址遗迹，旁边有一口干枯的老井。据说这就是当年空中花园的遗存品，但尼布甲尼撒博物馆的馆长说，经过考证，现在仍不能确认这就是真正的空中花园遗址，因为这里离幼发拉底河20多千米，而资料记载空中花园就在河边上。事实上，大半描绘空中花园的人都从未涉足巴比伦，只知东方有座奇妙的花园，实际上，在巴比论文本记载中，它本身也是一个谜，其中没有一篇提及空中花园。所以真正的空中花园在哪里，至今没人能说得清楚。

至于为什么要建造奇特的巴比伦空中花园，古代世界就有两种不同的说法。

一种说法是，前1世纪中叶，西西里岛的希腊历史家狄奥多罗斯在他的40卷《历史丛书》中提及，"空中花园"由亚述女王塞米拉米丝供自己玩乐所建。空中花园或许真的曾名噪一时，但塞米拉米丝却实无其人，她只是希腊传说中的亚述女王。

另一种说法是，来自巴比伦祭司、历史家贝罗索斯（前3世纪前期）写过一部向希腊人介绍巴比伦历史和文化的著作，曾提及前614年，巴比伦国王去世，新国王尼布甲尼撒即位后，迎娶了北方国米提之女安美依迪丝为妃。而米提是一个山国，山林茂密，花草丛生。米提生长的王妃，骤然来到长年不雨的巴比伦，触目皆是黄土，不觉怀念起故乡美丽的绿丘陵来。她日夜愁眉苦脸，茶不思，饭不想，本来美丽的身影，不久就瘦骨嶙峋了；这可急坏了巴比伦

Unsolved Mysteries of World Architecture

● 巴比伦城门复原图
古巴比伦城是人类古代文明的一大发源地，也是世界文明史上的一个著名古都。它是巴比伦文化的象征和结晶，建于 4000 多年以前。现巴比伦遗址坐落在巴格达东南 90 千米处，与巴比伦省会哈莱相距 10 多千米。

国王。可是，在巴比伦连块石头也难找到。怎么办呢？他请来了许多建筑师要他们在京城里建造一座大假山。经过几年的营造，也不知花费了多少奴隶的血汗，一座大山终于造好了。山上还种上了许多奇花异草。这些花木远看好像长在空中，所以叫作"空中花园"。花园里，还建造着富丽堂皇的宫殿，国王和王后得以饱览全城的风光。据说，米提公主从此兴高采烈，思乡病一下子消失得无影无踪。

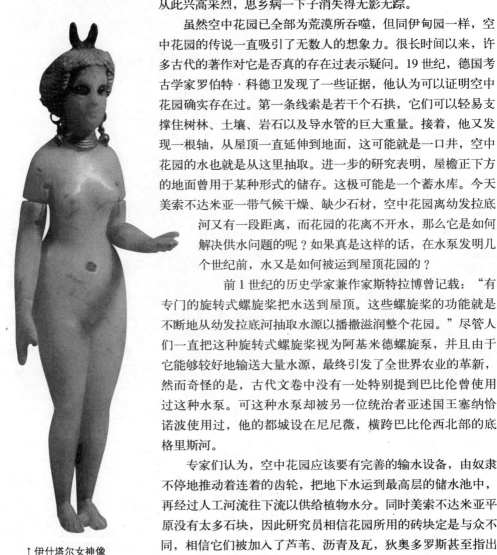

↑伊什塔尔女神像
伊什塔尔门是巴比伦的主门。高12米的城墙和塔楼非常精美，镶嵌着琉璃砖，一条通道笔直地从门下穿过，图为巴比伦伊什塔尔女神像。

虽然空中花园已全部为荒漠所吞噬，但同伊甸园一样，空中花园的传说一直吸引了无数人的想象力。很长时间以来，许多古代的著作对它是否真的存在过表示疑问。19世纪，德国考古学家罗伯特·科德卫发现了一些证据，他认为可以证明空中花园确实存在过。第一条线索是若干个石拱，它们可以轻易支撑住树林、土壤、岩石以及导水管的巨大重量。接着，他又发现一根轴，从屋顶一直延伸到地面，这可能就是一口井，空中花园的水也就是从这里抽取。进一步的研究表明，屋檐正下方的地面曾用于某种形式的储存。这极可能是一个蓄水库。今天美索不达米亚一带气候干燥、缺少石材，空中花园离幼发拉底河又有一段距离，而花园的花离不开水，那么它是如何解决供水问题的呢？如果真是这样的话，在水泵发明几个世纪前，水又是如何被运到屋顶花园的？

前1世纪的历史学家兼作家斯特拉博曾记载："有专门的旋转式螺旋桨把水送到屋顶。这些螺旋桨的功能就是不断地从幼发拉底河抽取水源以播撒滋润整个花园。"尽管人们一直把这种旋转式螺旋桨视为阿基米德螺旋泵，并且由于它能够较好地输送大量水源，最终引发了全世界农业的革新，然而奇怪的是，古代文卷中没有一处特别提到巴比伦曾使用过这种水泵。可这种水泵却被另一位统治者亚述国王塞纳恰诺波使用过，他的都城设在尼尼薇，横跨巴比伦西北部的底格里斯河。

专家们认为，空中花园应该要有完善的输水设备，由奴隶不停地推动着连着的齿轮，把地下水运到最高层的储水池中，再经过人工河流往下流以供给植物水分。同时美索不达米亚平原没有太多石块，因此研究员相信花园所用的砖块定是与众不同，相信它们被加入了芦苇、沥青及瓦，狄奥多罗斯甚至指出空中花园所用的石块加入了一层铅板，以防止河水渗入地基。

事实究竟如何呢？还有待于进一步考证。迷人的空中花园，将无尽的谜尽藏腹中。

新巴比伦王国修建过通天塔吗

↑巴别塔 1563年 勃鲁盖尔

这座宏伟的苏美尔建筑被犹太人称为"巴别塔"（即通天之塔）。据《圣经》记载，最初人类使用同一种语言，他们建造这座高塔希望能进入天堂，但上帝为了破坏人类的团结，创造了多种语言使他们无法再自由交流，于是这座未完成的高塔便成了伟大的废墟。

　　如今的人们，已能利用航天飞机深入宇宙，更能用望远镜探望宇宙深处的秘密，但人们还是很向往更遥远的天外，希望能达到世界的顶端。这种愿望自古有之。

　　基督教经典著作《旧约·创世纪》第11章曾有这样一段记述：古时候，天下众多的人口，全都说着同一种语言，人们在向东迁移时，走到一处叫示拿的地方，发现那里是肥沃的平原，就定居下来。他们商定在这里用砖和生漆修建一座城和高耸通天的塔，以此传播声名，免得四处流散。这件事惊动了耶和华，他看到城和大塔就要建成，十分嫉妒人们

↑ 巴比伦宝塔式建筑遗迹

的智慧和成就，便施法术变乱了人们的口音，使人们的言语个个不同。结果工程不得不停顿下来，人们从此分散到了世界各地，大塔最终没有建成，后人把这座大塔称作巴别，"巴别"就是"变乱"的含义。

如何看待《圣经》中这段记述，史学界众说纷纭，有的人认为《圣经》中这段传说，有所根据，主张《创世纪》记载的那座大塔的原型，就是古代两河流域（即示拿）新巴比伦王国时代巴比伦城内的马都克神庙大寺塔。这座大寺塔，被称作埃特曼安基（意为天地之基本住所）。它兴建于新巴比伦国王那波帕拉沙尔（公元前626年～公元前605年）在位时，到其子尼布甲尼撒（公元前604年～公元前562年）在位时才建成。这一传说也反映了新巴比伦王国时代，巴比伦城内居民众多、语言复杂的情况。公元前5世纪古希腊历史学家希罗多德在其所著的《历史》一书第1卷181节中，记载了如下事实："在这个圣域的中央，有一个造得非常坚固、长宽各有一斯塔迪昂（古希腊长度单位，约合185米）的塔，塔上又有第二个塔，第二个塔上又有第三个塔，这样一直到第八个塔。人们必须循着像螺旋线那样地绕过各塔的扶梯走到塔顶的地方去。那里有一座宽大的圣堂。"希罗多德说塔共11层，可能是把塔基的土台或塔顶的庙也计算在内了。公元前331年马其顿亚历山大到巴比伦时，这座大塔已非常破败。为了纪念自己的武功，亚历山大曾有意重建此塔，可是，据估算，光是清除地面废料，就需要动用1万人，费时2个月。由于工程浩大，亚历山大只好放弃了这个打算。

相反，有的学者不同意《圣经》中提到的通天塔就是新巴比伦时代马都克神庙大寺塔的观点，认为在巴比伦城内，早在新巴比伦时代以前就曾有两座著名的神庙，一座叫作萨哥——埃尔（意为"通天云中"），一座叫作米提——犹拉哥（意为"上与天平"），它们很可能就是关于通天塔的传说的素材。但是，有关这两座神庙，没有更多的史料可以提供参考。

↑ 尼布甲尼撒觐见室外墙彩色图案

《天方夜谭》故事的背景 ——巴格达城

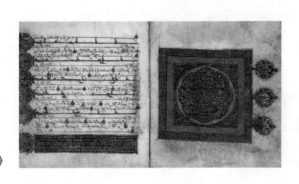

→《古兰经》

　　世界上最著名的阿拉伯文学作品是《天方夜谭》，又名《一千零一夜》，至今仍对世界各国人民影响深远。那么其中的故事都是以巴格达为背景吗？这一问题引起了很多人的兴趣。

　　其实，《天方夜谭》中的故事并不是纯属虚构，或者说出于丰富的想象力。这些故事都有一个真实的地方作为依据，而且在那个地方又确实曾经出现过故事中那些人物。事实往往要比故事更出人意料：《天方夜谭》的故事背景，其实是中古时代的巴格达社会。

　　公元762年，回教阿拔斯王朝建立了城市巴格达，它成为一个从埃及延伸至印度的回教王国首都。当时最有权势的人是阿拔斯王朝第5任君主哈伦·阿拉悉。

　　哈伦统治下的巴格达城成为《天方夜谭》中许多故事的背景。巴格达是一个非常富有的城市，这儿积聚了与东方贸易赚来的大量财富。据传说巴格达太富有了，以至于在城中不大能找到穷人，就好像在无神论者

↑阿拔斯王朝时期的舞蹈复原图

↑巴格达城

在这幅描绘巴格达城的图画中，用砖头建造的楼房在底格里斯河东岸拔地而起。作为阿拔斯王朝的首都，巴格达是当时的商业中心。它同时也是《天方夜谭》中的背景城市吗？

的家里找不到《古兰经》一样。

　　当然，哈伦统治下的巴格达人并不是整天享乐，哈伦也并不是老得因娱乐和享受而挥金如土。哈伦虽然颇有才能，受人爱戴，但他的性格反复无常，甚至有时暴戾恣睢，器量非常小，睚眦必报。从他亲手倾覆著名的巴玛基家族一事中，人们可以清楚地看到这一点。巴玛基家族虽信奉回教，却是波斯人的后裔。巴玛基家族3代以来一直都是阿拔斯王朝的忠臣和谏官，

并协助国王管理这个回教王国的朝政，他们整个家族的财富也毫不吝啬地供哈伦的宫廷挥霍。

　　可是，阿拉伯人和波斯人始终水火不相容。公元803年，哈伦突然废掉了他一向极为信任的臣仆，并且命人杀害了长久于私人宴会和宫廷庆典中随侍的查法·巴玛基。

　　在巴玛基族失宠之后，哈伦很快就遇上了麻烦。他开始面临各族冲突和内乱的

威胁，于是哈伦企图将王国一分为二，分给两个儿子管治，借此来平息纠纷。因为哈伦的一个儿子是纯阿拉伯血统，另一个儿子却是波斯女奴所生。但这种分而治之的方法只能是将分裂加剧，而哈伦虽具有一些才能，却不是一位能干的治国人才，再加上

→商人远航壁画
一艘由阿拉伯人乘坐、印度船员掌舵的船只正驶向伊斯兰港口。穆斯林商人航行到他们已知的世界的各个地方去做生意。

没有巴玛基家族协助处理国事，哈伦的王国不久便分崩离析了。在公元809年哈伦驾崩后，酝酿已久的内战接着爆发，阿拔斯王朝统治者的权势日趋式微。

不过，人们从现代回教世界保存下来的古代艺术建筑中，仍能看到哈伦统治时期的光辉。所以难怪那些受过他礼遇的人，借《天方夜谭》的故事来报答他的知遇之恩，使哈伦和巴格达城的名字永垂不朽。

↑穆斯林的大清真寺

"约亚暗通"是金"约柜"的掩藏地吗

→犹太教堂里的"约柜"
犹太教会堂是犹太社区的集合场所，供公众做祈祷和学习之用。该建筑的朝向，要求在群众集会时必须面对耶路撒冷被毁的犹太圣殿。在做礼拜时，只需三件家具。其中最主要的是"约柜"，里面装有《律法书》卷轴，在它前面点着一盏明灯。

耶路撒冷，是一座举世闻名的圣城，它是世界上唯一被犹太教徒、伊斯兰教徒和基督教徒共同尊奉为圣地的城市。耶路撒冷坐落在地中海东岸的巴勒斯坦中部，最早叫"耶布斯"。后来，另一个叫迦南人的部落也来到了这里。他们把这个城市叫作"尤罗萨利姆"，意思就是"和平之城"。

阿拉伯人则习惯把耶路撒冷叫作"古德斯"，也就是"圣城"的意思。把耶路撒冷建成一座名副其实的都城的人，是大卫王的儿子所罗门王。从此，犹太教徒也开始把耶路撒冷视为自己的圣城。

相传，犹太教最为珍贵的圣物金"约柜"和"西奈法典"就放在圣殿的圣堂里。金"约柜"里装着以色列人最崇拜的上帝耶和华的圣谕。这是当年摩西在西奈山顶上得到的。上帝还授予摩西一套法典和教规，要以色列人时时事事都要遵守照办。摩西得到圣谕和"西奈法典"后，就让两个能工巧匠用黄金特制了一个金柜，这就是金"约柜"。除了犹太教的最高长老（即祭司长）有权每年一次进入圣堂，探视圣物外，

↑圣殿被毁后远在罗马的烛台

其他任何人不得进入圣堂。 此外，所罗门极为富有。据说，所罗门每年仅从各个属国征收相当于666塔兰黄金（1塔兰相当于150公斤）的贡品。所罗门将他所搜刮的金银财宝都存放在圣殿里，这就是历代相传的"所罗门珍宝"。

所罗门死后，犹太王国分裂成两个国家。以耶路撒冷为中心的南方仍由所罗门的后代继续统治，叫犹太国。北方则另立王朝，叫作以色列。由于以色列没有宗教中心，祭司们都到耶路撒冷的犹太圣殿献祭，教民们也仍然到这里朝圣，因为唯一的圣物——"约柜"仍在这里。

但是，耶路撒冷在前586年被巴比伦军队攻占。从此，无价之宝"耶和华约柜"和"所罗门金宝"下落不明。 几千年来，许多人都想找到"约柜"和"所罗门珍宝"，但直到今天，仍无结果。

最早开始寻找金"约柜"的是以色列的一个长老耶利来。耶利来在耶路撒冷被陷时，由于躲了起来，没有被巴比伦人抓走。当巴比伦人撤走之后，他来到圣殿的废墟，想找到金"约柜"，把它偷出耶路撒冷藏起来。耶利来在夷为平地的圣殿废墟里，看见了著名的"亚伯拉罕巨石"。据说金"约柜"当初就放在这块巨石之上。但是金"约柜"早已无影无踪了。那么稀世珍宝"约柜"究竟藏在哪里？

本世纪初，一些学者认为，金"约柜"和"所罗门珍宝"可能就藏在"亚伯拉罕巨石"底下的暗洞里。"亚伯拉罕巨石"是一块长17.7米、宽13.5米的花岗岩石。它高出地面大约1.2米，由大理石圆柱支撑着。"圣石"下面的岩堂高达30米。而且，岩堂里确实有洞穴，完全可以把金"约柜"和"所罗门珍宝"隐藏起来。

曾经有几个英国冒险家在获悉了学者们的看法后，试图寻找金"约柜"和珍宝。这几个英国人买通了岩堂的守夜人，在夜里潜进岩堂进行挖掘。一到天亮，他们便把洞口掩饰起来。 就这样，他们一连干了好几个夜晚，但最后他们还是被人发现了，几个英国冒险家一溜烟地逃得无影无踪。

后来又有人说，金"约柜"和所罗门珍宝实际上是藏在"约亚暗道"里。"约亚暗道"相传是大卫王在攻打耶路撒冷时，偶然发现的一条可以从城外通到城里的神秘通道。据说这条暗道后来又和所罗门圣殿连在一起。早在"巴比伦之囚"以前，犹太人就已经把金"约柜"和所罗门珍宝

↑摩西雕像

藏到暗道里去了。

1867年，有一个叫沃林的英国军官，在耶路撒冷近郊参观时，在一座清真寺的遗址中，偶然发现了一个有石梯的洞。他顺着石梯一直往下走，一直走到洞的深处。后来，他发现他头顶上的岩石中还有一个圆洞。他攀着一条绳子爬进了圆洞后，又发现了一条暗道。他顺着暗道又来到另一个黑漆漆的狭窄山洞。最后，他好不容易顺着山洞走到了外边。出来一看，大吃一惊，原来，他发现自己已经站在耶路撒冷城里了。学者们测定，这条秘密的地下通道建于前2000年左右，并推测它就是"约亚暗道"。

在20世纪30年代，又有两名美国人来到暗道寻找过金"约柜"和"所罗门珍宝"。他们在"约亚暗道"里一处土质不同的地方，发现了一条秘密地道。地道里有被沙土掩埋着的阶梯。两人想用随身带着的锹把沙土挖开，但是，阶梯上的流沙却越挖越多，连地道口也几乎被堵住了。他们慌忙逃出地道。第二天，他们下来发现，地道的入口又被流沙盖上了。还有人传说，金"约柜"早已不在耶路撒冷，它收藏在埃塞俄比亚古都阿克苏玛的一座古寺里。据说，所罗门的一个儿子从耶路撒冷偷出了真的金"约柜"，又把一个假"约柜"留在了耶路撒冷。

直到今天，金"约柜"和"所罗门珍宝"仍然是一个谜。

耶路撒冷的哭墙之谜

耶路撒冷是犹太、基督、伊斯兰三大宗教的圣地。耶路撒冷最有名的是1平方千米的老城，老城最有名的是东南角面积仅0.135平方千米的圣殿山。圣殿山是圣城中的圣城，阿拉伯世界与以色列冲突中最敏感的耶路撒冷问题其实就是圣殿山的归属问题。耶路撒冷地处三大洲要冲，历经37次征服，8次被毁。犹太、基督、伊斯兰教各在这里统治过500、400、1200多年，留下各种宗教遗迹200多处。圣殿山周围正是各宗教遗址相互重叠、难分彼此的地方，所以结怨深远、难以化解。圣殿山被犹太人奉为圣地是因为传说犹太先祖亚伯拉罕在此领受上帝旨意、祭献儿子；他的孙子雅各在此和天使摔跤，并被赐名"以色列"（神角力）。为了纪念犹太民族最神圣的地方，相传前1010年所罗门王开始在摩利亚山（现在的圣殿山）建设圣殿，以便存放约柜、诺亚方舟等圣物，圣殿于前957年竣工。建成后的圣殿长30米、宽10米、高15米，雄伟非常，号称是上帝的所在。但好景不长，前586年，巴比伦王杀到这里，他摧毁了圣殿，赶走了犹太人。直到前538年，波斯王居鲁士灭巴比伦后，犹太人才被允许返回，并得到归还的5000多件圣

←哭墙及犹太人
哭墙位于犹太教圣殿废墟上，是一段用大石块垒起的石墙，传说罗马人统治耶路撒冷时，犹太人常聚集在墙下哭泣祷告。后来这堵墙成为犹太教最重要的崇拜对象之一。

↑罗马人洗劫耶路撒冷

70年,在长时间地围困耶路撒冷之后,罗马人终于占领了这座城市,并将它焚毁。他们将古老的圣殿付之一炬,然后夷为平地,只有环绕圣殿的那堵墙的西边部分残立并保存至今,那就是西墙。

殿物品。于是犹太人在前516年动手在第一圣殿的原址上补建第二圣殿。不想70年,罗马王镇压犹太人起义,竟将重建的圣殿彻底焚毁,只留下西墙墙基的一段。后人收集残石,在墙基上垒出了一堵墙。罗马时期,每年11月9日圣殿毁灭日这天,才准许世界各地的犹太人到圣殿西墙遗址祈祷。饱受苦难的犹太人面对圣殿的残垣断壁总忍不住唏嘘哀哭,"哭墙"因此得名。正是这堵墙在2002年7月出现了极其不寻常的异象,这面巨大的石墙中间的一块巨石上异样地出现了一道水渍,经过几天风吹日晒依然如此,既不扩大,也不消失。难道这真是"哭墙"的"泪水"?人们议论纷纷。

哭墙"哭了",这令不少极端正统的犹太教人士激动不已,因为在犹太教传说中,哭墙流泪是犹太救世主弥赛亚降临的先兆。 也有人说,"这是上帝正打开通往和平的道路,人民将有感应,朝此方向前进"。而一些犹太教的神秘教派说,在他们的典籍中预言,若哭墙流泪的话,是世界末日的先兆。一时间,各种说法纷纷而起,有的人为之欣喜,而有的人为之惊恐。难道真是哭墙"哭了",难道这些水渍真是哭墙的泪水?

哭墙是犹太教圣殿两度修建、两度被毁的遗迹,是犹太民族2000年来流离失所的精神家园,也是犹太人心目中最神圣的地方。犹太人相信它的上方就是上帝,所以凡是来这里的人——无论是否为犹太

→西墙

哭墙又称西墙,为70年罗马军破坏圣殿后的残余部分,是犹太教心目中最神圣的地方。

人——都一律戴小帽，因为他们认为，让脑袋直接对着上帝是不敬的。哭墙边上，每天都会有很多犹太人自动分成男女两拨，分别在哭墙的南北两段祈祷，他们常常手捧《圣经》，一边祈祷，一边点头（根据犹太教规，凡是念到圣人名字的时候必须点头），有的人更搬把椅子面对哭墙，一整天都沉浸在与上帝的对话中，犹太人的做法使哭墙更显得神秘与崇高。所以很多人纷纷传说这是哭墙"哭了"，但也有人不相信这些传说，一位在哭墙祈祷的犹太青年称，哭墙出现水渍并不是最近才有的，而是一种经常出现的自然现象。他说，这种现象在一年半前就出现过，当时查明，原因是哭墙另外一侧用于滴灌的水管发生渗漏，而渗漏的速度和蒸发的速度正好相抵，所以水渍能够长时间既不消失也不扩大。研究人员也对此进行了考察，以色列文物局会同有关地质和文物专家对哭墙水渍现象进行了调查分析，最后专家们得出的意见证实"哭墙之泪"其实并不神秘。以色列文物局在发布的调查结论中说，这一现象虽然不像一年半前那样，是由于渗水形成的，但也属自然现象，是由于一种长在石头中间的植物腐烂后引起的。也有专家指出"这不像是水迹，看来是植物的分泌物"。但没有解释为何其它一样有植物的石墙没有水迹，对水迹为什么不蒸发也不扩散，专家都没做出合理的解释。

"哭墙的泪水"虽然被专家们证实是一种自然现象，但人们仍旧在希望，有一天，和平会降临这片土地。那时，人们将不再互相杀戮，不再流泪，而哭墙也会恢复它本来的称呼——西墙，到那时，哭墙也将不再流泪！

↑耶路撒冷
它位于中东地区地中海东岸的犹地亚山上。耶路撒冷古称"耶布斯"，至今已有近5000年的历史。

↑今天的哭墙已成为犹太人的精神家园，岁月沧桑，哭墙也历经磨难，作为犹太教的象征，它广受犹太人膜拜，尤其是礼拜五，犹太人就习惯聚集在这面墙下，凭吊这座城市的陷落和圣殿的被毁。

马耳他岛巨石建筑 之谜

　　地中海上的马耳他岛，位于利比亚与西西里岛之间。1902年，在这里的首府瓦莱塔一条不引人注意的小路上，发生一件引起世人轰动的大事。有人盖房时在地下发现一处洞穴，后来人们才知道，原来这里埋藏着一座史前建筑。它由上下交错、多层重叠的多层房间组成，里边有一些进出洞口和奇妙的小房间，旁边还有一些大小不等的壁孔。中央大厅耸立着直接由巨大的石料凿成的大圆柱和小支柱，支撑着半圆形屋顶。整个建筑线条清晰，棱角分明，甚至那些粗大的石架也不例外，没有发现用石头镶嵌补漏的地方。天衣无缝的石板上耸立着巨大的独石柱，整个建筑共分三层，最深处达12米。

↑哈尔·萨夫列尼的地下陵墓
位于马耳他首都瓦莱塔南郊，它是欧洲建筑史上最早的石造建筑。这座地下陵墓共有38间石屋，面积大约500平方米。

　　这些不可思议的史前地下建筑的设计者是谁？在石器时代，他们为什么花费这么大的精力来建造这座巨大的地下建筑？人们百思不解。

　　11年后，在该岛的塔尔申村，人们又一次发现了巨大的石制建筑。经过考古学家们挖掘和鉴定，认为这是一座石器时代的庙宇的废墟。也是欧洲最大的石器时代遗址。

　　这座约在5000多年前建造的庙宇。占地达8万平方米，整个建筑布局精巧，雄伟壮观，好多个祭坛上都刻有精美的螺纹雕刻。站在这座神庙的废墟面前，首先映入眼帘的是一道宏伟的主门，通往厅堂及走廊错综的迷宫。

　　在马耳他岛上的哈加琴姆、穆那德利亚、哈尔萨夫里尼，考古学家们曾几次发现精心设计的巨石建筑遗迹。

　　哈加琴姆的庙宇用大石块建造，也是最复杂的石器时代遗迹之一。有些"石桌"至今仍未肯定其用途。石桌位于通往神殿门洞内的两侧，神殿里曾发现多尊母神的小石像。

　　穆那德利亚的庙宇，俯瞰地中海，扇形的底层设计是马耳他岛上巨石建筑的特征，这座庙宇大约建于4500年前，有些石块因峭壁的掩遮，而保存得相当完整。

　　最令人不可理解的是"蒙娜亚德拉"神庙，这座庙宇又被称为"太阳神"庙。一个名叫保罗·麦克列夫的

↑哈尔·萨夫列尼的地下陵墓的墓室

马耳他绘图员仔细地测量了这座神庙后发现，这座神庙实际上是一座相当精确的太阳日钟。根据太阳光线投射在神庙内的祭坛和石柱上的位置，可以准确地显示夏至、冬至等年的主要节令。而更令人震惊的是，从太阳光线与祭坛的关系推测，可以毫不犹豫地得出结论：这座神庙是前10205年建成的，离现在已经整整1.2万年了。

↑马耳他巨石文化时代的神殿
它位于马耳他的戈佐岛，面向东南，背朝西北，是用硬质的珊瑚石灰岩巨石建成的，神殿外墙的最后部分所用的石材高达6米，这样巨大的石块是怎样运到工地的，至今仍是一个谜。

这座神庙的存在，又一次打乱了人们的正常思维方式。1.2万年以前，神庙的建造者们居然能有那么高深的天文学和历法知识，能够周密地计算出太阳光线的位置，设计出那么精确的太阳钟和日历柱。这一切该怎么解释呢？

马耳他岛的面积很小，仅246平方千米。但在这样一个小岛上，却发现了30多处巨石神庙的遗址。不少学者的研究表明，这些巨石建筑的建造者们在天文学、数学、历法、建筑学等方面都有极高的造诣。有些研究者甚至推测判断节令的历法标志，而且还可用作观察天体的视向线甚至能当作一副巨型计算机，准确地预测日食和月食。

石器时代的马耳他岛居民真有这么高的智慧吗？如果真是这样，那么他们是怎样获得这些知识的？为什么他们在其他领域却没有相应的发展？是什么因素激发了他们建造巨石建筑的疯狂热情？而这些知识又为什么莫名其妙地中断了？这一切至今仍没有人能够回答。巨石无言地耸立着，把一切高深莫测的疑问保留在一片沉默中。

↑古城瓦莱塔的建筑
古城瓦莱塔始建于1566年，城市采用跳棋棋盘式布局。

迈锡尼古城及其毁灭

→狮子门

→狮子门
位于迈锡尼城堡的入口处，除了防御功能，城门还具有浓厚的宗教色彩：门楣上方的石狮分立在巨柱两侧，时刻守护着女神。

前2000年左右的早期青铜时代是迈锡尼文明的萌芽时期，大约前17世纪，希腊人的一支——阿卡亚人在迈锡尼兴建了第一座城堡和王宫。据《荷马史诗》描述，兴盛时期的迈锡尼以金银制品名扬天下，被人们称为"富于黄金"的城市。

现存的迈锡尼城堡的平面形状大致呈三角形，位于查拉山和埃里阿斯山之间的山顶上，城墙高8米，厚达5米，用巨大的石块环山修建。有一座宏伟的大门开在西北面，门楣上立有三角形石刻，雕刻着两只虽无头但仍威武雄健的雄狮。这两只狮子左右对称的雕刻形式显然是受到东方文化的影响，是欧洲最古老的雕塑艺术，迈锡尼城堡的正门也因而被称为"狮子门"。

迈锡尼门上的一对石狮子从1876年起就再也不能保持安静了。谢里曼等人在城内发现的墓圈，吸引了全世界的目光，人们似乎又看到了3000多年前活灵活现的"多金的迈锡尼"城。古代希腊世界迈锡尼文明的重要遗址陆续被发现，如梯林斯、派罗斯、雅典等。

M·文特里斯在1952年宣布他已可以释读迈锡尼时代的泥版文书，并证实它们是希腊语文字。至此，当前历史学界已公认爱琴文明的这部分历史是讲希腊语人的历史。人们目睹了迈锡尼文明时代王宫的残垣断壁，

↑迈锡尼古墓外观

面对令人惊叹不已的王室宝藏，自然会发出疑问：如此辉煌的文明，是怎么毁灭的呢？

由于可靠的文字资料实在太少，线形文字泥版文书和《荷马史诗》所提供的信息又过于简单，所以，要回答这个问题，实在不是一件容易的事，于是许多学者都不约而同地从考古学的角度去研究。最初，谢里曼夫妇在这里发现了五座坟墓，后来，第六座坟墓又被希腊考古学会派来监督他们的斯塔马太基发现。这六座长方形的竖穴墓大小、深度不同，深0.9到4.5米，长2.7到6.1米，以圆木、石板铺盖墓顶，但大部分已经坍塌。共有19人葬在这六座墓穴中，有男有女，还有两个小孩，同一墓中的尸骨彼此靠得很近，大多用黄金严密地覆盖着这些尸骨。妇女头上戴着金冠或金制额饰，身旁放着各种名贵材料做的别针以及装饰用的金匣，衣服上装饰着雕刻有蜜蜂、玫瑰、乌贼、螺纹等图案的金箔饰件；男人的脸上罩着金面具，胸部覆盖着金片，身边放着刀剑、金杯、银杯等；两个小孩也被用金片包裹起来。

↑女性陶俑

考古学家的发现远不止这些，在谢里曼发掘圆形墓圈A的75年之后，即1951年，希腊考古学家帕巴底米特里博士发现了被称为圆形墓圈B的第二个墓区。这个墓区在狮子门以西仅百米之遥，发掘出来的珍宝完全可以与谢里曼的发现相媲美，而且时代与前者十分相近。

英国考古学家韦思等在大约与帕巴底米特里发现圆形墓圈B的同一时期，又发掘了9座史前公墓，地点是在独眼巨人墙以西、狮子门之外的地区。这些圆顶墓（因形似蜂房，又叫蜂房墓）约建于前1500年至前1300年，均属于青铜时代中期。

前1400年至前1150年左右的青铜时代末期是迈锡尼发展的鼎盛时期。从迈锡尼城遗留下来的城堡、宫殿、墓葬及金银饰品中都能看出这一王国当年的强盛，但是

要找到其消亡的原因，确实不是一件容易的事。我们尽管能从考古发掘中得到一些启示，但要把不会开口说话的遗迹、遗址、遗物唤醒，实在是一件困难的事。

有人认为，迈锡尼世界的毁灭与一些南下部落的入侵有关，特别是多利亚人更是祸首元凶。但也有人持与此相反的见解，他们指出，迈锡尼世界在西北方的入侵者来到之前，已经衰落。迈锡尼文明的统治至前 13 世纪后期，已开始动摇。据考古资料看，多利亚人在前 13 世纪期间，并未进入希腊世界，他们涉足此地是在迈锡尼文明的不少城市已经变成废墟的很长一段时间以后，多利亚人面对的是一个已经不可避免要毁灭的世界。因而，前 13 世纪末以来迈锡尼文明世界的各地王宫连遭毁灭之灾，与多利亚人无关。考古资料也提供不出当时多利亚人到来的物证，于是 J·柴德威克在对古文字研究的基础上提出大胆假设。他指出，多利亚人臣属于迈锡尼人的历史事实，可以从神话传说中有关赫拉克利斯服 12 年苦役的故事中反映出来，多利亚人作为被统治者早就遍布在迈锡尼世界各地。赫拉克利斯的子孙返回伯罗奔尼撒，却道出了多利亚人推翻迈锡尼人只不过是内部的阶级斗争的真情，根本不存在所谓的多利亚人入侵。以派罗斯为例，当时便存在很严重的经济问题，青铜不够用，青铜加工业已衰落，国家经济组织疲惫不堪，税收不齐，经济面临崩溃的边缘。有限的土地不能满足经济发展之需，国家只能靠积蓄的产品度日，要么就从地方额外征收黄金。当时受到挑战的还有神权，村社不按祭司要求行事，有的人甚至敢不履行宗教义务。由于受到其他部门或其他国家的过分压力，中央的高度集中化受到了破坏。在这种形势下，派罗斯的王宫随时都有覆灭的危险。这一切都可能是导致派罗斯毁灭的主要原因。

另有一些人认为天灾是祸根，天灾造成人口减少，食物短缺，大量小村庄被放弃，

↑ 爱琴海锡拉岛上的壁画——决斗的少年

王宫经济发生危机。迈锡尼为了远征小亚细亚富裕的城市特洛伊，倾国出兵，围攻10年方才攻陷。迈锡尼大量的人力、物力和财力在这场旷日持久的战争中严重消耗，从此国势一蹶不振。

还有人提出，迈锡尼文明遗址中有几个地方是毁于不知什么原因引起的火灾中的。这样，活跃于东地中海的海上民族便吸引了这些猜测者的目光，他们认为是这些海上民族破坏了小亚细亚、巴勒斯坦、叙利亚、埃及等地的许多城市，促使赫梯帝国灭亡，埃及帝国衰弱，当然迈锡尼世界也受到了影响。甚至有人说当时的派罗斯有一支装备着20条船的大舰队，可最终被

↑迈锡尼纯金面具，据说是依照阿伽门农的面部特征而制成的。

海上侵略者打败。反驳者指出海上民族在前13世纪时并未进入希腊。从泥版文书中看，在派罗斯陷落之前，国家除了正常的换防之外，一直没有任何特殊的军事行动。

派罗斯王宫没有防御工事，这一点更让人难以理解。如果说派罗斯的灭亡是由于大意所致，那迈锡尼、太林斯等地不仅有保证战时水源的设施，而且有巨石筑就的高墙，可谓壁垒森严、固若金汤，却也没能免于灭亡。

学者们经过一番深入的研究之后，不但没能解开迈锡尼文明的衰弱之谜，同时又提出了一些新的问题：迈锡尼没有金矿，而黄金又是从何而来？固若金汤的迈锡尼城怎么会屡遭沦陷？还有埃及人、腓尼基人都在其坟墓墙上刻下了文字，后来的希腊罗马人也树立了有文字的墓碑，迈锡尼人已普遍掌握了线形文字，并且用来记写货物清单，可是他们为什么不将死者的姓名和业绩刻在墓碑上呢？这到底如何解释呢？一切还有待于后人的深入考察。

←前1300年左右的迈锡尼圆形墓

米诺斯迷宫
何以保存得如此完整

↑提修斯激斗"米诺牛"

相传远古希腊克里特岛上有个富裕强盛的米诺斯国，国王米诺斯自称是最高天神宙斯的儿子。王后与一头公牛怪私通，生下一个牛首人身的怪物。牛首怪不食人间烟火，只爱吃人，刀斧不入，横行宫廷，国王对它毫无办法，又怕丢丑，于是就命人建座迷宫。这就是米诺斯迷宫。迷宫有无数通道和房间，牛首怪关进去以后出不来，而外人也难以进去。牛首怪每9年要吃7对童男童女，由臣服于米诺斯的雅典城邦国进贡。

这种情形直到雅典第三次进贡时才得以改变。雅典王子提修斯自愿充当牺牲品。王子来到米诺斯迷宫，米诺斯公主对他一见钟情，两人相爱了。公主送他一团线球和一柄魔剑，叫他将线头系在入口，边走边放线。王子在王宫深处找到了牛首怪，经过一场殊死搏斗，终于用魔剑刺死了它。然后顺原线走出王宫，携公主返回雅典，

从此，王子和公主幸福地生活在一起。

这个故事出自荷马史诗《奥德赛》和古希腊的神话。世上真的有米诺斯迷宫吗？神话世世代代流传，大家把它看作是海市蜃楼式的幻想。直到1900年英国考古学家在经过了25年的考古工作以后，终于发掘出了23300平方米的米诺斯迷宫遗址。在清理出无数浮土后，古王宫墙基重现于世人眼前。

米诺斯迷宫建于什么年代，为什么能够保存得这样完整？

古希腊文明源于爱琴海岛。克里特文化是爱琴海文化的代表。早在前3640年，克里特岛居民就懂得使用青铜器。按历史分期，前3000年到前2100年为早期米诺斯文化。克里特岛面积8336平方千米，是爱琴海最大岛屿。中期米诺斯文化时以岛北克诺索斯城为中心建立了统治全岛的奴隶制国家，并控制了爱琴海大部分岛屿和希腊南部沿海地区，是当时欧洲第一海上强国，因而有雅典进行活人牺牲祭祀之说。前1700年前后的一次大地震使岛上建筑大部分被毁坏。前1700年开始复建的米诺斯王宫更加雄伟壮丽。可是200后，王宫忽然销声匿迹，米诺斯文化也突然中断。

人们苦苦思索：早期克里特人有能力复建被毁的建筑物，晚期反而弃之而去，当时的人到哪里去了呢？从遗址出土的2000块线形文字泥板，被鉴定为前1500年左右的遗物。1952年英国学者破译其内容，

↑米诺斯宫殿
米诺斯王及其大臣居住的宫殿，不只是政治权力的中心，它们还主宰全国经济。宫殿里充满了浓厚的宗教气氛，犹如令人敬畏的神庙。

确认那是希腊半岛迈锡尼人的希腊文字。这证明米诺斯的主人已经换成迈锡尼人，米诺斯王国已经不复存在了。既然迈锡尼人统治了克里特，为何不享用这宏丽的宫殿，却忍心把它毁了呢？

对此，美国人威斯、穆恩、韦伦三人在合撰的《世界史》中这样说，"约在前1400年克里特发生了一个突然而神秘的悲剧。米诺斯的伟大王宫被劫掠了，被焚毁了，克里特的其他城市也遭到了同样残酷的命运。"是叛乱吗？是地震吗？

然而这依旧没有明确的答案。单纯从战乱等人为因素去追踪，永远解不开此谜。从自然灾害方面找原因，却可能有助于问题的解决。有人说，前1450年克里特再次发生地震，毁了米诺斯的文明。查证灾害地理档案，这一年并没有发生足以毁灭米诺斯的地震。倒是前1470年前后，发生过一次骇人听闻的火山灾害。

克利特岛北方130千米处有个78平方千米的桑托林岛，岛上有座海拔584米的桑托林活火山。前1470年前后，发生了人类历史上伤亡最惨重的一次火山大喷发。桑托林火山喷出625亿立方米的熔岩、碎石、灰尘，仅次于人类有史以来喷出物最多的坦博拉火山（1815年，印度尼西亚，喷出物1517亿立方米），火山灰覆盖了附近的岛屿，50米高的巨浪席卷地中海的岛屿和海岸，造成数以十万计的人口死亡，同时毁灭了克里特岛的一切。岛上可能没有生还者，建筑物不是被海啸卷走，就是被火山灰覆盖了。过了不知多少年，废墟被泥沙覆盖的严严实实，从希腊大陆迁移过来的居民当然不知道岛上发生过的悲剧了。

持上述观点的学者认为，米诺斯迷宫除了顶盖外，地基、墙体、壁画保存得那样完整，只能用一霎时的天降之灾来解释了。若是人为破坏，必然有捣掘、剥离的痕迹。火山之灾毁灭克里特文明，可能更为接近实际。

米诺斯迷宫留给人们太多的谜，也许再过一百年也找不到真正的答案。也许根本就没有什么真实的答案。

克里特岛山的迷宫是寝陵吗

在中国古代，认真思考生死问题的人们把人的身体称为"逆旅"，意思是身体只是灵魂在尘世间暂时歇脚的一个寓所。生和死，住所和寝陵，真的是没有什么分别吗？

4000年前，地中海克里特岛山上居住的是迈诺斯人，他们专门从事航海贸易，创造了比希腊还早的物质文明，而且成为一个光辉灿烂的文化中心。世人早已不记得迈诺斯曾有的文明及成就了。3000多年来，世人对迈诺斯文明的了解，除了那个广为

←双面斧
在米诺斯人所有的宗教象征物中，双面斧是用来宰杀献祭的神圣之物。

↓米诺斯王宫内景

↑米诺斯王朝的王宫遗址壁画
湿壁画是一种绘于泥灰墙上的绘画艺术，这种创作手段，是迈诺斯文明的主要艺术形式。

流传、有关克里特岛国王迈诺斯及其半人半牛、藏身黑暗地下迷宫的贪婪怪物弥诺陶洛斯的神话以外，几乎是一无所知了。然而，英国考古学家艾文斯爵士在20世纪初叶，把迈诺斯首都诺瑟斯的遗址发掘了出来。这次发掘的工程相当浩大，耸人听闻。诺瑟斯城自身就很大，加上所属港口，一共有近10万居民。但这座庞大建筑物是艾文斯最轰动一时的发现，他同大多数考古学家一样认为那座建筑物是王宫，属多层建筑结构，其中有好几层筑在地下。其建造之奇、藏品之丰，为世人所惊叹。王宫中有以海洋生物、雄壮公牛、舞蹈女郎和杂技演员为题材的色彩鲜明的壁画。另外，还有许多石地窖，有斧头的残片、铜斧乐器，以及一个以小片釉陶和象牙包金加镶水晶造的近1米见方的棋盘。细加琢磨的雪花石膏在看似国王的宝座上、在接待室的铺路石板上、在那些显出典型迈诺斯建筑风格的上粗下细的柱子上、在门道附近闪闪发光。

那么，这座富丽堂皇、结构复杂的巨大建筑真的是一座王宫吗？虽然历史学家和考古学家一般都同意这种说法，但德国学者沃德利克则不赞同，而且其说法好像有所依据。在1972年出版的一本书中沃德利克说：“诺瑟斯这座宏伟建筑，绝对不是国王生时居所，而是贵族的坟墓或王陵。”依据沃德利克的说法，被大多数考古学家所认为的是用作储藏油、食物或酒的大陶瓮，其实是用来盛放尸体。尸体被放在里面后，加入蜜糖浸泡以达到防腐的目的；石地窖则被用来永久安放尸体；壁画代表的是灵魂转入来生，并且把死者在幽冥世界所需物品画出来。沃德利克还认为那些精密复杂的管道，不是为活人设置的，而是为了防腐措施的需要。

为了支持自己的说法，沃德利克提出几项很有意思的事实，比如说诺瑟斯这座建筑物的位置，绝对不是建筑王宫的绝佳位置，因为它所处的地方过于开敞，四面受敌，如若有人从陆上进攻即无从防卫。同时当地没有泉水，必须用水管引水，水量很难供应那么多居民。“王宫”及附近范围内也无一望即知是马厩和厨房之类的房屋，这里的居民难道不需要交通工具和食物？至于那些被认为是御用寝室的房间，更都是些无窗、潮湿的地下房舍，在气候和暖、风和日丽的地中海地区，绝不可能选择这样的地方来居住。

藏有宝藏的特洛伊古城

↑荷马雕像

　　19世纪中叶，德国人海因利希·施里曼放弃优裕的富翁生活，历经辛苦之后终于找到了位于安纳托利亚西北角、濒临达达尼尔海峡入海口的希萨尔利克山的特洛伊古城。在这片古文明遗址中，海因利希·施里曼发掘出一个装满了奇珍异宝的赤铜容器，里面有金戒指、金发夹和金制酒杯、花瓶等近万件珍宝。其中一件玲珑奇巧的纯金头饰最令人叫绝，它是用金箔将1.6万件小金板缀连而成，可谓巧夺天工。他的重大发现在全世界掀起了轩然大波，在学术界也引起了很大的争论。

　　读过荷马史诗的人一定会为故事中映射出来的古希腊文明的光芒所折服，而始终环绕故事中心的特洛伊古城也必定给你留下了深刻的印象，然而特洛伊城在经历了10年的特洛伊之战后最终毁灭。人们在回味希腊部落史诗般的事迹的同时，也不能不为特洛伊感到惋惜。荷马史诗作为一部文学史上的不朽之作，对欧洲文明产生的影响非常巨大，而作为一部艺术作品它也一直深深地吸引着人们去探寻它的真实性。特洛伊城在哪里？它真的存在过吗？

　　根据史料记载，在特洛伊战争发生500多年之后，一切从头开始的古希腊人，曾经在他们认定的特洛伊城原址上重建了一座新的城市，名为"伊利昂"。前480年，为了同希腊人作战，波斯国王曾经到这里为智慧女神雅典娜举行过百牲大祭。前330年，另一位帝王亚历山大远征波斯之前，也曾在这里拜祈过女神雅典娜。但是到了公元初年，罗马执政官尤利乌斯·恺撒来这里凭吊他的祖先埃涅阿斯的出生地时，这里却已经全然没有了往日的繁荣，而是被满目荒芜所取代。直至罗马时代，一座新城才又在这里崛起，但它在经历了几百年的繁华后，又毁于地震。从此，特洛伊逐渐从人们的记忆中淡去了。后来，人们甚至怀疑这个城市是否在地球上存在过。

　　当年施里曼的发现也是让人半信半疑，如今一个多世纪过去了，通过

↑特洛依战争中的木马计被广泛传诵，后人通过绘画、建筑等不同方式对这一著名战例加以诠释。

↑特洛伊城考古现场

特洛伊城究竟在哪里，是特洛伊战争成就了荷马史诗，还是荷马史诗成就了特洛伊战争，人们仍在探究。

考古工作者的艰苦挖掘，特洛伊城已将它的全貌展现于世人面前。人们在 30 米深的地下发掘出了各个不同时期的特洛伊古城遗址，分属 9 个不同的历史时期。这充分证明特洛伊文化是真实的，而且历史悠久。在这里，400 年左右罗马帝国时代的古城遗址仍在向人们展示着当年雅典娜神庙的雄伟气势。

科学鉴定证明，前 1300 到前 900 年间的特洛伊古城遗址是被彻底烧毁的，这有力地证明了荷马史诗对历史的描述是真实无误的。人们在这里可以看到厚达 5 米的残败石墙，里面还发现了大量的彩陶和其他生活用品，它们大多绘有简单的几何图形，造型朴素。数百年来，人们对埋藏于特洛伊之下的宝藏一直将信将疑，虽然施里曼发现的金面具、金盒、金盘、金制的儿童葬衣以及上万件金制首饰，都证实了宝藏的存在，但人们心中产生的新的疑问是：

1890 年以后的发现比施利曼在 19 世纪 70 年代挖掘的遗址离地面要近得多，这表明在建立时间上荷马史诗的特洛伊城比施里曼发现珠宝的小城有几个世纪之差，照此推理，这些珠宝不可能属于普里阿摩斯或《伊利亚特》中的任何人的。同时，这也说明施里曼由于急于到达小山的底部无意中挖通了荷马史诗时代的特洛伊。那么施里曼发现的黄金制品是不是传说中的特洛伊宝藏呢？或者说，这里还有没有埋藏其他的宝藏呢？

从这里出土的大量不同形式的古代文献里，人们还可以发现更多关于古代文明的秘密信息。但至今仍未能破译特洛伊文字，想解开特洛伊传说中的宝藏之谜还有很长的路要走。

现在

前 85—500 年

前 700—前 85 年

前 1250—前 1000 年

前 1700—前 1250 年

前 2000—前 1700 年

前 2100—前 2000 年

前 2200—前 2100 年

前 2400—前 2200 年

前 3000—前 2400 年

←特洛伊城历史变迁示意图

↑特洛伊城遗址

● 特洛伊城遗址俯瞰

俯瞰特洛伊城，人们仿佛又回到了那样一个人神界限特别模糊、人类很像神灵而神灵身上又表现太多人性的时代，特洛伊成为这一时代人神之中最伟大者交锋的场所。

帕特农神庙的毁坏之谜

　　雅典，欧洲文明的摇篮，经过一次次战争的洗礼，无数冒险家的窃掠，唯有卫城留下的断壁残垣和帕特农神庙的巍峨廊柱，还回荡着古希腊的强音。

　　雅典卫城是远古御敌的城堡，坐落于希腊首都雅典市中心海拔152米的阿克罗波科斯山顶上，相对高度70—80米，顶部比较平坦，东西长280米，南北宽130米。自前1200年建为要塞后，雅典就以它为中心向外扩展。前5世纪，为了纪念反波斯入侵战争的胜利，希腊领主大肆美化卫城，兴建了一系列纪念性建筑物，帕特农神庙就是它的主建筑。

　　帕特农意为"处女宫"，是祀奉雅典保护神雅典娜的，建于全城最高处，从雅典各处人们都能一睹到它的雄姿。帕特农神庙主体长69.5米，宽2—9米，前432年落成于三级台基上。它外部由46根高10.4米、直径1.9米的洁白大理石柱环成一个长方形回廊。可以不夸张地说，全庙一砖一石都是宝物。可见，帕特农神庙代表了希腊古典建筑艺术的最高水平，外形雄伟壮观，内部雕饰精美。可惜的是，他没有能够保存下来，甚至，谁是破坏者和窃贼，至今也无定论。

↑ 雅典城的保护神——雅典娜

↑帕特农神庙 前447－前432年

帕特农神庙坐落在雅典卫城的山顶，是希腊古典时期（前650－前323年）雄伟的建筑经典，也代表了多利克式神庙的完美极致。

征战。卫城在前490年前后被波斯人捣毁。不过前478年，雅典在希波战争中打败波斯，就此进入全盛期，重建卫城和帕特农神庙。

有人说帕特农神庙毁于前404年。前404年雅典被希腊另一城邦斯巴达打败，国势日衰。前338年，落入马其顿王国之手。马其顿以后

历史学家们企图从历史因素中找到答案。雅典是希腊人双手创造的。前11世纪，希腊进入铁器时代，在雅典等地形成较大的奴隶制部落。前8世纪希腊出现了一个个城邦，还没有统一的国家。较大的雅典城邦，辖地也不过2650平方千米。前6世纪，雅典城邦国形成，兴建卫城，与东方各国争夺爱琴海霸权，并同波斯帝国连年

日渐希腊化，不过后来它也被罗马帝国征服。接着希腊受奥斯曼帝国统治。这前前后后希腊经历了2000余年的沦亡史。卫城及其建筑在此期间遭到了毁灭性的厄运，每一次战争都成了主要攻击目标，能夺则夺之，不能得则毁之，加上几次大地震和火灾，越来越破败。虽然帕特农每次战后都有所修补和复原，改换面目——罗。

● 古希腊雅典卫城遗址 前5世纪

装满宝物的马其顿王陵是菲利浦二世的陵墓吗

1977 年 11 月 10 日，希腊考古队在希腊北部的城市萨洛尼卡的一个小村子地下，打开两个白色的大理石石棺。这时，人们倒吸了一口冷气，惊讶得说不出话了。两口各重 11 公斤和 8 公斤的纯金骨灰盒赫然入目。盒内装有骨灰和黄金头箍、王节、箭筒等物，据说这是前 336 年马其顿国王菲利浦二世及其王妃的陵墓。西方有人当即宣布这是欧洲二次世界大战以来最重要的考古发现。

马其顿王陵的出土地点坐落在距今 2200 年的古城遗址上，村外遍布馒头状的荒冢，几乎所有古墓都已经被盗掘过，而马其顿王陵却保存得相当完整，真是个奇迹。

根据出土的文物看，有考古专家当即宣布马其顿王陵就是菲利浦二世的陵墓。这种说法似乎是很有说服力的。证据之一是出土的纯金骨灰盒。11 公斤重的大骨灰盒长 40 厘米，宽 33 厘米，高 17 厘米，盒底有狮形立脚，被黄金铰链固连在石棺内。盒盖上刻有一颗"光芒四射的

↑菲利浦二世雕像

前 359 年，菲利浦二世登基，马其顿在他领导下，开始强大，跻身希腊最重要的公国之列。

星"，这是马其顿国王专有的徽记。盒体四周刻着玫瑰花、棕榈叶、藤蔓等纹饰。盒内一块紫色纺织品包裹着死者的骨灰和两颗牙齿，上面覆有金橡树叶和金花环。旁边放着一个金头箍，与马其顿诸王所戴的一模一样。金盒外放置一根 183 厘米长的王节，竹鞭包金箔，这是马其顿王权的象征。

此外，考古人员还在墓室里发现 5 个精美的象牙头像。其中一个满脸胡须，长着一对厌世的眼睛，人们在马其顿古银币上曾经千百次看见过这个形象。另外还有一个表情忧伤的妇女头像和一个英俊的青年男子头像。人们有理由相信，这 5 个头像是菲利浦二世的家庭成员：菲利浦二世本人，菲利浦二世的

↑许多亚历山大的士兵都戴着所谓的佛里几亚头盔。青铜帽檐常染成蓝色。军官的头盔饰以羽毛或羽毛状物。

↑ 亚历山大大帝头像

他是埃及和亚洲的征服者，半个已知世界的英雄和最高统治者，在他的率领下，马其顿在仅仅11年的征战中，建立了世界上从来未有过的大帝国。

父亲、菲利浦二世的母亲、菲利浦二世的妻子以及菲利浦二世的儿子亚历山大大帝。在大小墓室里还发现许多双面刻画护腿，几件精美的金箭筒。这都是帝王专有的物品。

然而，认为马其顿王陵就是菲利浦二世的陵墓的说法立刻遭到了另外一些学者的质疑，他们不相信这是菲利浦二世的墓。因为以前已经发现过30多座类似的马其顿王陵，全部都被盗掘过，其中有很多陵墓比这座陵墓还要大。如果说惟一一座没有被盗掘的墓竟是最重要的一座——菲利浦二世的陵墓，是不是太过于巧合了？而且，就算墓室、石棺和所有出土文物都与马其顿国王有关，却找不到任何铭文或记载来证实这座马其顿王陵就是菲利浦二世的陵墓，顶多可以承认这是马其顿某位国王的陵墓。这种说法听起来也是有道理的，问题是他们始终也没有提出自己的观点，这座马其顿王陵到底是谁的陵墓？

为什么学术界如此看重菲利浦二世，将他的陵墓列为头等重要的呢？

马其顿地区包括今天的马其顿共和国（前南斯拉夫南部）、希腊北部、保加利亚西南部，总面积约66000平方千米。大约前700年，马其顿人建立了一个小王国。前393－前370年，马其顿王国统一了整个马其顿地区。前359年即位的菲利浦二世，承前启后，英明果断，在前338年将疆域扩大到整个希腊地区。前336年春，菲利浦二世派先遣部队万余人入侵小亚细亚（今土耳其），自己准备在夏季嫁女之后御驾亲征。然而他的宝贝女儿在婚礼盛典上遇刺身亡，菲利浦二世悲伤过度，便将这次进攻搁置了。菲利浦二世的儿子亚历山大大帝（前336－前323年在位）继承父志，向东一直打到伊朗高原至印度河畔，推

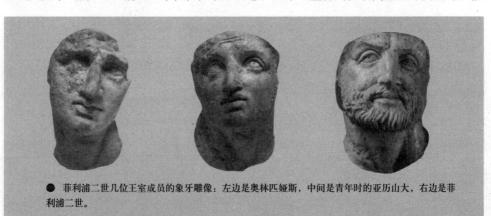

● 菲利浦二世几位王室成员的象牙雕像：左边是奥林匹娅斯，中间是青年时的亚历山大，右边是菲利浦二世。

翻波斯帝国。同时向西推进到尼罗河流域，征服中东地区，马其顿成为显赫一时的地跨三大洲的大帝国。公元前168年马其顿王国被罗马人攻入，从此解体。在这段历史中，菲利浦二世及亚历山大大帝是关键人物，他们的陵墓最有研究价值。所以是最重要的。

↑弗吉纳王墓出土的随葬品

　　无论如何，这次发现是独一无二的惊人发现，对研究马其顿历史至关重要，菲利浦二世是否埋在那里反而是其次的。作为前希腊文明的一个辉煌时代，马其顿王国是其中重要的组成部分，它的建筑艺术、民俗风情深受希腊文化的强烈影响，同时也保留了相当多的马其顿文化。这突出表现在陵墓的地面部分上没有堂皇的建筑、地宫规模也不大，反而将精力、金钱集中在棺尊、骨灰盒上面，还有特殊的火葬习俗，这都是令人感兴趣的千年之谜。

↓在马其顿的弗吉纳遗址附近，皮埃里亚的山坡下，考古学家发掘出一个巨大的土冢。最近，他们发现一个盖有拱顶的大墓，里面有各种装饰和物品。其中有一口石棺，遗骸上留着大红和金黄色的华服。从墓中的陶器来看，该墓建于前4世纪中叶，可能是菲利浦二世和他一个妻子的坟墓。

罗德岛巨人雕像之谜

↑罗得旧街市中心广场

↑罗德旧城远景

罗德岛由于优越的地理位置，自古以来航海业就很发达。航海业推动了城市的建设，罗德城逐渐成为以港湾为中心的繁荣城市。

希腊邮票上的罗德巨像，太阳神赫利俄斯穿着短裤，头戴太阳冠冕，左手按剑于腿上，右手托着火盆在头顶上，双腿叉开立于两座高台上，背后是海港，胯下是出入口航道。那样的巨像该有多大？据说神像高约32米；以450吨青铜铸成，站立的石座高达四五米，巨人的手指头有几人合抱之粗，大腿中空，内部可居住一家人。

罗德巨像建于前292到前280年，历时12年完成。巨像联系着希腊神话中的一则故事：远古时代，希腊诸神争夺神位而混战，宙斯最终成为最高的统治之神。宙斯给诸神分封领地时，唯独忘了出巡天宫的太阳神赫利俄斯。等到赫利俄斯归来时，宙斯指着隐没于爱琴海深处的一块巨石，封给赫利俄斯。巨石欣然升出海面，欢迎太阳神的到来。赫利俄斯以爱妻之名命名那里为罗得岛。

后来的历史渐渐失去了神话色彩。前408年，罗德国控制爱琴海几个岛屿，向地中海沿岸殖民，引起雅典、斯巴达、马其顿、波斯人的嫉恨与恐慌。前305年，波斯的季米特里国入侵罗得岛，全岛居民撤守罗德城。波斯人围困一年未能攻陷，只好撤离该岛。走时匆忙，将攻城装备和大批兵器遗弃于城下。罗德人感谢太阳神的保佑，决定将收集的金属器材熔化铸造一尊赫利俄斯的神像。铸成的巨大铜像立于港口，雄镇海疆。

巨像倒的时间确认在前225年。在一次大地震中太阳神像坍塌，倒在原地。这就是说，

↑罗德岛曼德拉基港的鹿像

被誉为世界七大奇观之一的神像坍塌以后，人们在原址竖起了这对鹿像，代替保护神的职责。

神像立于基座不过55年，这可能是罗德巨像记载不详，流传不广的原因之一。

巨像倒地后，断成几截，后人记载称："底座只剩下巨像的双脚，其他部分全散落地上，露出中间的铁质骨架。"

罗德人认为这是"神的意志"。不愿再加修复。后来罗德城从破坏中复苏，繁荣不减当年，要复原巨像毫无问题，然而再也找不到像哈科塔斯那样的艺术大师，只好听其自然，让它长眠在地上了。

问题是巨像散落后，为何消失得无影无踪？此谜有三解：

(1)653年，阿拉伯人占领罗德岛，看中了神像残骸的巨大物质价值，击碎躯体，搬走碎块，运往意大利，变为废铜出售。

(2)铜像可能被人盗走，赃船在海上遇风沉没了。

12世纪的编年史，记载了阿拉伯人捣毁巨像的细节：阿拉伯人用粗绳系住巨像残腿，甩力把它拉倒在地，将大块残体打碎以便于搬运，甚至就地起炉生火，将碎铜熔为锭块。在整个搬运过程中，阿拉伯人动用了980匹骆驼才将金属碎片运完。搬运使用了骆驼，金属残片显然是从陆路运走，即从罗德岛渡海运到最近的土耳其大陆，再以骆驼运到阿拉伯某地。若运去意大利出售，必然要装船海运，哪里还用得着骆驼？上述记录属于追记，并不全然可信。但加强了阿拉伯人毁灭铜像的可信性，排除了就地熔化铸为其他器械或盗运沉海的两种猜测。

(3)难道铜像残骸真的躺在地上达887年之久才被阿拉伯人拿走？不大可能。大概坠地不久便被入侵者或当地人就地熔化制成其他器械了。罗德岛从前2世纪开始，历经罗马帝国、拜占庭、阿拉伯、土耳其的统治。罗德人视太阳神像为圣物，肯定不会自行捣毁。只有信奉基督教、伊斯兰教的外族，才会将"异教"的偶像摧毁。在罗马帝国时期，恺撒、庞培等帝王、贵族都曾到过罗德城游览，他们对太阳神巨像的精巧与庞大惊叹不已．即有惜宝之心。罗马人不可能当废金属处理掉，很有可能运回本土收藏起来了。

然而，这仅仅是猜测而已，太阳神巨像的下落就像它的铸成一样，谜一般地给千年岁月．抹上了一层神秘色彩。

→古希腊神话中的主神宙斯雕像

古罗马城的公共澡堂到底什么样

↑华丽的古罗马浴场遗址

在罗马人的生活中，洗浴成为基本习俗，别墅没有浴场便不可谓完成。大些的浴场运用了拱顶技术，拥有高高的立柱和天花板，产生宏伟的效果，不亚于罗马诸城中的豪华浴场建筑。

现代人自以为是很会休闲娱乐的。我们发明了很多可供人休闲享受的场所，把许多日常生活的事情变成了娱乐享受的一部分。比如说洗澡吧，我们有海水浴、温泉浴、泥浴、香氛浴等等，应该很是滋润了。可是比起古代的罗马帝国，我们就只有自叹不如了。那么，古罗马城的公共澡堂到底什么样？当年的罗马公民洗的又是什么样的澡呢？

↑古罗马市场遗址

罗马建立共和国初期（约前400年），有钱人家往往有私人浴室，大多像小型室内游泳池而不像现代浴室。共和国拓展成为强大的帝国后，各城镇也相继扩大，公民生活更富足，沐浴的风气盛行于社会各阶层。公共澡堂颇受欢迎。1世纪的历史学家大普利尼也算不清楚罗马城内到底有多少座公共澡堂，但是他估计有好几百座。比如说，庞贝古城有三座公共澡堂，每座澡堂用一个锅炉烧水，将热水分流到男女浴室。浴室的天花板砌成圆拱形，室内的蒸汽上升到天花板凝成水滴，顺圆拱缓缓流下，以免滴到浴客身上。多么人性化的设计呀！

古罗马人是很有健身理念的，连公共澡堂都可以与现代健身房媲美。最够气派的是热澡堂，其内有热气室、热水浴池、凉气室和冷水浴池。如果一个人跑去沐浴，通常先在特设娱乐室打球或者做些别的运动。接着脱光衣服在热气室内弄至浑身冒汗，再用油净肤，然后洗热水澡，凉了之后便跃进冷水浴池以增强体质。

罗马和其他城市的大规模热澡堂如王宫般豪华，内有大理石柱、穹隆天花板、精美拼花地板、喷水池和塑像。罗马城内专属皇帝澡堂的建筑，占地 11 公顷，可供 1500 多人同时沐浴。罗马市中心戴欧克里比皇帝澡堂规模还大。大多数热澡堂除游戏室、热气室和浴池外，还有商店、酒吧和咖啡座，甚至图书馆和剧院等设施。

罗马热澡堂因得到国家或私人资助，通常入场费很低廉，有些甚至免费。所以不分贫富，只要是公民便涌往热澡堂去享受一番，或者炫耀一番。总之，整个罗马帝国时代，热澡堂成了人人趋之若鹜的休息、娱乐及欢宴叙旧的场所，即使有钱自建私人浴室的人也经常到这种公共地方去。

除了价格低廉的原因外，古罗马澡堂另有更加诱人的所在，使没去过的人垂涎三尺，去过的人流连忘返。在很长的一个时期，许多澡堂容许男女共浴，因此经常引来大群娼妓大肆兜搭。有些澡堂实在比妓院正派不了多少。其他公共澡堂

里，许多男男女女一丝不挂，在热气室和浴池里亲热，也引致不少今日称为换妻的放荡行为。澡堂终于丑事百出，声名狼藉，所以 2 世纪哈德里安皇帝下令禁止男女共浴，而从此男女两性只能在不同时间使用澡堂了。

澡堂成了有钱阶层比富享乐的安乐窝。喜欢炫耀财富的富人，穿戴最漂亮的衣饰来到公共澡堂，带一群奴隶随侍在侧，替主人脱衣，用油脂按摩主人身体，再用金属或象牙制、上有槽纹的刮板刮净皮肤，然后用珍贵香水抹遍全身。

↑古罗马城绘图

这幅画反映出当时罗马是何等的辉煌！我们今天去瞻仰遗址时不由得感叹：她的衰落景象更是举世最壮观，也最令人唏嘘不已。

今日的罗马澡堂已成为颓垣断壁，它反映了当时罗马的兴盛，也反映了当时的罗马人是如何的骄奢淫逸。或许正是罗马人的这种骄奢淫逸使他们断送了大好的帝国。不管怎么说，追求生活质量的提升符合人的本性。正如一位罗马人曾这样说："浴池、醇酒和美人腐化了我们的躯体，但这些又何尝不是生命的一部分呢？"

古罗马城的毁灭之谜

1世纪，古罗马城曾十分繁荣，一度成为欧洲的政治、文化、经济、贸易中心。然而后来，这座繁华的都市竟在一场大火中变为废墟。究竟谁是这场灾难的罪魁祸首？古今史学家对此一直存在着争议。

64年7月18日，罗马城内的圆形竞技场附近突然发生了一起可怕的火灾。顺着当日的大风，烈火迅速蔓延，一直持续了9天之久。全城14个区被烧毁了整整10个区，其中3个区化为焦土，其他各区只剩下断瓦残垣。在罗马城历史上这是被记入史册的一次空前的大灾难。大火吞噬掉了无数生命财产，许多宏伟壮丽的宫殿、神庙和公共建筑毁于一旦，同时遭受这场浩劫的还有在无数次战争中掠夺来的金银财宝、艺术珍品以及不朽的古老文献。

↑尼禄青铜像
尼禄登基时17岁，大权在母亲亚格里皮娜等人的手中，59年，尼禄暗杀母亲，并开始独立掌权。

按照当时流行的说法，是尼禄下令放的这场大火。尼禄在罗马历史上以残暴著称，幼年丧父的尼禄由其母亚格里皮娜抚养长大成人。亚格里皮娜这个女人阴险多谋、酷好权势。54年她以残酷手段毒死尼禄的父亲克劳狄，年仅17岁的尼禄便是她在毒死克劳狄后被推上皇帝宝座的。尼禄也是个残忍凶暴、骄奢无度、放荡不羁的君主，经常在宫廷中举办各种盛大的庆典和赛会，宫女时常被命令佩戴着贵重的装饰品裸体跳舞，作为君主的尼禄整日不理朝政，肆意挥霍，纵情享乐。他

→古罗马城圆形竞技场及其周围
圆形竞技场是罗马最庞大的古迹，由弗拉维安王朝的维斯帕西恩皇帝所兴建，由其子提图斯于80年完成，可容纳5万名观众观赏人与人或人与兽的决斗。

Unsolved Mysteries of World Architecture

● 古罗马城遗址鸟瞰

罗马历史始于伊尼亚士由特洛伊战争中逃出,带领其部
下来到未开化的意大利,此地即后来罗慕洛建立罗马城
之处。

还常以多才多艺的大艺术家自诩，扮成诗人、歌手、乐师乃至角斗士亲自登台表演，甚至还在希腊率领罗马演出队参加各种表演比赛，并以此为荣。罗马国库被尼禄渐渐耗损殆尽。于是他增加赋税，任意搜刮，甚至以"侮辱尊敬法"等莫须有的罪名没收、掠夺富人的财产，试图扭转危机。帝国各地各阶层对尼禄的残暴压榨都感到非常愤怒。

64 年发生在罗马城内的火灾，据说尼禄不但坐视不救，且涉嫌唆使纵火，因此被怀疑是罗马大火的纵火者而遭到众人的谴责。

↑古罗马广场

一把无情的大火几乎将罗马几百年惨淡经营的成果毁尽，但文明的种子还是流传下来并在当代世界结果。只是古老的都城，如今只剩断壁残垣供人凭吊！

传闻说他纵火焚烧罗马古城的原因仅仅是因为对简陋的旧城感到厌烦或是为了一观火光冲天、别开生面的景致。有人说当时他登上自己的舞台（一说花园的塔楼），看着烧成一片火海的罗马，在七弦琴的伴奏下，一边观赏狂暴的大火造成的恐怖情景，一边将有关古希腊特洛伊城毁灭的诗篇高声吟诵。甚至在这场大劫之后，他还在罗马城已遭受巨创的基础上，在帕拉丁山下把自己的"黄金之屋"修建起来。这座"金屋"

里的陈列，不仅有金堆玉砌的宫廷建筑中常见的装饰，而且有林苑、田园、水榭、浴场、水池和动物园，以让人领略其特有的湖光水色、林木幽邃的风景。黄金、宝石和珍珠把整个宫殿内部装饰得富丽堂皇。餐厅的天花板用象牙镶边，管中喷出股股香水。在浴池里则是海水和泉水的混合物。尼

↑尼禄自杀

在连续的叛乱与威胁中，尼禄选择了自杀，这幅画描绘了尼禄死时近臣中的骚乱情景。68年10月，叛军头领加尔巴当上了皇帝。

禄看到这座豪华别致的建筑物时，赞叹说"这才像个人住的地方"。传说尼禄还想建立一座以他的名字来命名的新首都。

为了消解群众对他的不满情绪，尼禄便找别人当他的替罪羊。他下令逮捕那些所谓的"第一批受迫害的基督徒"，并说他们就是纵火嫌疑犯。通过这种暴行，尼禄企图转移人们的视线，使人们憎恨那些"纵火犯"。但群众的眼睛是雪亮的，这种可笑的伎俩反而更加使这个暴君的凶恶面目暴露无遗。

但究竟尼禄是否就是罗马大火的纵火者呢？古今史学家对此意见很不一致。

古罗马史学家塔西佗认为放火焚烧罗马城的的确是尼禄，尼禄想利用罗马大火的废墟来修造一座新的宫殿。他又说，因为火是从埃米里乌斯区提盖里努斯的房屋那里开始的，这表明尼禄是想建立一座以他的名字命名的新首都。

苏联学者科瓦略夫等则持反对意见。他认为："人们中间传说，城市的被烧是出于尼禄的意思，他仿佛是不满意旧的罗马并想把它消灭以便建造一个新的罗马。另一个说法是，烧掉城市是为了使元首能够欣赏大火的场面并鼓舞他创造一个伟大的艺术品。显而易见，这些说法与事实不符，而火灾则是偶然发生的。特别应当指出，火灾是在7月中满月的日子开始的，而在那样的日子里，它的'美学'效果是不怎么好的。"

繁华的古罗马城在顷刻间化为乌有，这不能不令人扼腕叹息。这场大火究竟是不是尼禄所为，至今仍是一个谜。但是作为一名君主，尤其是一个臭名昭著的暴君，尼禄对古罗马城的灭亡的确负有不可推卸的责任。

● 庞贝遗址

庞贝原是一个平凡的城市，住着平凡的市民，在历史上充其量只能占一个不起眼的地位。但是一场浩劫把它从活人的世界上抹去，把庞贝人的生活冻结了十几个世纪，让我们到今天才发现，去猜测当时的情况。

庞贝古城
是怎样覆灭的

1748 年，那不勒斯国王的御前工程师阿勒比尔奉命去勘测一条 150 年前开凿的引水隧道。他在那不勒斯西北部 20 多千米的地方开始挖掘。挖到 6 米多深时，发现了一具手握金币的木乃伊和一些色彩鲜艳的绘画。经历史学家认定，阿勒比尔下挖的地方正好就是已经失踪了 1600 多年的古罗马的名城庞贝。人们在阿勒比尔的率领下，开始对庞贝古城展开发掘工作。当时发掘的目的，主要还在于寻找一些艺术珍品和金银财宝。到了 1763 年，有一个叫约翰的德国人，凭着自己苦学来的知识，从

挖掘出的杂乱零碎的遗迹中，第一次整理出庞贝古城的原样。

从 1860 年以后，经过 100 多年系统的大规模发掘，庞贝古城基本上已经重见天日了。发掘的结果表明，庞贝古城是一座背山临海、繁荣热闹的避暑胜地。它位于维苏威火山东南脚下，离罗马 241 千米，距那不勒斯 23 千米。庞贝城建在面积约 63 公顷的五边形台地上，有一堵长 3 千米的城墙。城墙共有 7 个城门和 14 座城塔。城里"井"字形的纵横街道，把全城分成 9 个地区。街道由石块铺成。在主要的街

↑考古专家正对庞贝城遗址进行勘察
1863年，庞贝挖掘活动频繁。工人把清理出来的垃圾放在筐里背走。泥水工正在修屋顶，竖起柱子，架上横梁。

↑描绘庞贝古城居民生活的绘画

道上，还有马车留下的车辙。在街道的十字路口上，有带有雕像的石头水槽。水槽和城里的水塔相通，供市民使用。街道两旁有商店、饭馆。墙上还有广告和标语。城南还有一座可容纳1200名观众的大剧院。此外，竞技场、体育场、酒店、赌场、妓院和公共浴室应有尽有。这表明，庞贝古城当时已经成为古罗马帝国达官贵族们的游乐场了。

在重现的庞贝古城里，人们可以清楚地看到，生活突然中断时的情景。餐桌上放着没有吃完的带壳的熟鸡蛋和鱼，面包炉里有烤好的面包，商店前柜上放着硬币，瓶罐中有栗子、橄榄、葡萄、小麦和水果。已经化成化石的蒙难者完好地保留了当时遇难时的表情、姿态和动作：有蹲在地上双手捂住面孔的；有趴在地上不断挣扎的；有头顶枕头仓皇外逃的；还有小女孩抱着母亲的双膝号啕大哭的；乞丐拼命攥住零钱袋；奴隶角斗士死在挣不开的铁链上；看家犬前腿跃起，猫儿钻进柜底……整个庞贝城好像一部电影定格在某一瞬间。这些尸骨周围被火山灰泥石浆包得严严实实，形成硬壳。后来，遗骸腐朽，化为乌有，而尸体原型的空壳却保留了下来。考古学家门就地灌注石膏，让死难者保持原状。庞贝古城当年居民约3万人，至今掘出2000多具尸骨。

庞贝古城的大部分居民跑到哪里去了？留在古城里的人为何死得这样悲惨？人们在探索着答案。

有人说，庞贝古城毁于维苏威火山爆发。89年8月24日中午，维苏威火山发出了震耳欲聋的巨响。一瞬间，喷出的岩浆直冲云霄。浓浓的黑烟，裹挟着滚烫的火山灰砂，弥漫着令人窒息的硫黄味，铺天盖地降落在庞贝城。几个小时之内，14米厚的火山灰就毫不留情地将这座生气勃勃的古城埋没得无影无踪了。

庞贝古城毁于维苏威火山爆发基本上是没什么疑问的。问题的症结在于庞贝古城是否是在一瞬间毁灭的呢？有人提出了异议。维苏威火山的爆发有一个过程，前后经历了8天8夜，三城居民完全可以从容地逃生。火山盖被

↑这张画所描绘的景象，是 1799 年时已挖出来的庞贝剧场区。它是由一名去意大利旅行观光的画家所画。

↑有人推测火山爆发是导致庞贝古城覆灭的原因

冲开时，岩浆、碎石、烟灰、水蒸气一起喷上天空，天地顿时漆黑一团。半小时后，喷出物才飘到庞贝城，无孔不入的粉尘和硫黄气体使人窒息。4 小时后，等到飘落到屋顶的火山灰够重时，建筑质量较差的屋顶才塌下来，人们仍可从废墟中爬出来逃命。在第一次的袭击中，几乎无人丧生。48 小时后火山喷出物减少，天空渐渐明朗，逃出城的人以为没事了，纷纷返回，其中尤以回家取财宝的富豪居多。就在这时，第二次大喷发降临了，灼热的气体和烟灰置人于死地，今日所见的遗骸大约都是由这一次的袭击所致。

那么庞贝城又是如何在火山爆发中变成"化石城"的呢？

这要归功于"水熔岩"。当年火山灰阵雨足足下了 8 天 8 夜，蒸汽遇冷凝成水滴，聚合空气中的灰尘，落下瓢泼大雨。大雨扫荡山顶灰渣，形成滔滔泥流。泥浆流就像水泥一样，干燥后坚如岩石，给积灰的城市盖上了一层硬壳，这就是地质学上所说的"水熔岩"。"水熔岩"将庞贝三座城市严严实实地密封起来，阻止了后人的盗窃，为人类保存了 1900 年前最完整的"城市博物馆"。

庞贝灾变中还有一大谜就是那不勒斯为何不曾覆灭？那不勒斯目前有人口 140 万，占那不勒斯湾一带人口的 2/3，为意大利第四大城市。它比庞贝更靠近维苏威火山，可是它为什么始终未受破坏？从地理方面考虑，那不勒斯地势略高于庞贝三城，维苏威火山爆发时盛行西北风，火山缺口在东北方，火山灰奈何不了那不勒斯。然而，天有不测风云，谁又能保证风力不改变方向呢？那不勒斯的幸存真是不幸中的大幸。可惜，繁盛一时的庞贝古城就这样默默地失踪了。

↑法国圣马丁－杜卡尼古修道院

↑本笃四位门徒在协助格列高利编写《对话录》

欧洲的修道院创建之谜

　　电影《修女也疯狂》给人们展现了一群活力四射、可爱有加的修女及一个充满了快乐和静雅的修道院。但就现实而言，真正的修道院却并非如此。

　　修道院源自西方早期宗教信徒私人修道隐居的生活传统，又称"隐修院"。基督教也和不少宗教如佛教、道教、伊斯兰教等一样都具有禁欲隐修传统。传说施洗约翰、耶稣、圣保罗都曾在旷野中独居，潜心隐修，亲自领略与神沟通的滋味，在宁静中体验宗教的细微神秘之处。基督教早期最著名的隐修者是安东尼。他将追随者组织起来集体隐修，从而创立

←虔诚的修女

了基督教最早的隐修院。初创的隐修院只是基督教隐修院的最早雏形，隐修者生活比较散漫，没有严格的规章，人数也不是太多。

约与安东尼同时，生于埃及的帕科米乌是使隐修院初具规模的另一著名创始人。他吸取军队生活的经验，对修道院进行统一管理，制定了一套集体隐修制度，而且将这些制度编成《隐修规则》。《隐修规则》原为埃及文，后来被译为拉丁文传入欧洲，对欧洲修道院的兴起产生了很大影响。帕科米乌修道院对要入院的修士并不是随便接纳的，要求他们经过试修和考核方能正式入院，入院后不允许存私财，各自居住在固定的寝室里，服装也是统一的，按统一作息时间起居作息，进行祈祷、礼拜、读书以及生产等活动。每个人必须参加生产劳动，或编织，或园艺，或农作，没有文化者还必须上课识字。帕科米乌生前建的修道院有 10 个之多，修士近 1000 人，临终前又帮妹妹建起了一个女修道院。

↑ 一位福音传道者或使徒的雕像

修道院传入欧洲后，数 6 世纪意大利的本笃修道院最为著名。他按自己的见解制定规章制度，严格管理。院长是修道院最高首长，全院修道人员必须绝对服从他的命令。一旦立誓入院修道则终生不可反悔，必须在院长领导下按院规过完自己的修道生涯，想入院的修道人员可以先用 1 年时间体验生活，再决定去留。修道士的日常生活，除祈祷、静修、礼拜等宗教活动外，主要是劳动和读书，每天要劳动 12 个小时，读完规定的书目。本笃修道院因为管理严格，获得很高声誉，是欧洲各地修道院的学习典范，对欧洲修道院的兴盛起了很重要的作用。大大小小的修道院发展很快，逐渐遍及欧洲。由于宗教势力强大，它们往往有较大的经济实力，进而形成了一种特殊的宗教文化。

修道院里不单单只有修女，还有面容刻板的其他隐修人士。所过的生活单一，往往不是十分丰富多彩。当然，修道院有其自身的传承和底色，旁人的看法大都不足以为信，有机会还是到那去走走看看，亲身体验一遭才最妙。

← 9 世纪初的修道院

比萨斜塔为什么斜而不倒

←比萨斜塔 1174－1350 年

比萨斜塔设计为 8 层，塔直径约 16 米，共有
213 个拱门。现在塔顶偏离垂直线超过 5 米。

意大利西北部的比萨市是一座古城，位于阿诺河两岸，距海 12 千米。城中有很多古迹，而最有名的要数比萨斜塔。比萨斜塔就是教堂的钟楼。

这座塔开始建于 1174 年，塔身用大理石修成。塔高 54.5 米，总重量约几万吨左右。塔身共分 8 层，每层外面都有柱廊。塔内有螺旋式的楼梯直通塔顶，顶层挂有大钟。塔内有螺旋状阶梯 294 级，从塔底一直盘旋至塔顶。这座塔于 1370 年建成后，塔身中心就偏离垂直中心线 2.1 米，从此以后每年都以不同的速率不断倾斜，至今已偏离中心线近 5 米。据有些学者预测，如果不及时地采取保护措施，以每年 1.4 毫米的倾斜速率发展下去，大约到下世纪初，这座斜塔就要倒塌。

所谓祸兮福所倚，由于倾斜和偏差带来的意外利益，成千上万的游客争先恐后地来到意大利，想要一睹斜塔奇观，反而将当地的主建筑冷落在一边。于是，仅有 10 万人口的小城比萨因为一座斜塔而闻名于世。每一个来到比萨斜塔面前的人都被它不可思议的姿态所迷，人们不仅要问：如此高大的石塔为何斜而不倒呢？是当初施工的失误，还是有人有意为之？工程的技术问题又是如何解决的呢？

但也有的学者认为，当年的意大利建筑师为了显示技艺高超，特别把这座塔建成斜的．所以根本用不着担心它会倒塌。这种说法并非没有道理，从 1982 年开始，这座塔几乎停止了倾斜，而是向西南方向转动。

不过，按照传统的说法，这座塔是因为当初选址不当，地基没有处理好才引起倾斜的。据说当年该塔建到第三层时，就发现向南倾斜，不得不中断工程，采取加固措施。1275 年复工时，人们将错就错，就按底层垂直方向再往上加层。后来又经两次复工，才于 1370 年最终建成。此时塔顶中心点已偏离垂直中心线 2.1 米，成了一栋斜塔，比萨斜塔从此得名。一座不大的塔，竟然断断续续造了 177 年之久，经历了四代人之手，结果造成以后还是个畸形塔，真是好事多磨。这种说法曾被很多人接受，也被用来解释斜塔的倾斜现象。有人按照这种解释做过模拟实验，但却造不出斜而不塌的塔来。1934 年，比萨市曾将 90 吨水泥注入地基，结果反而加快了塔的倾斜速度。假如塔身倾斜的原因真的出在地基上，那么这种结果就不应该发生了。

↑ 美丽的意大利风光
意大利涌现了不少建筑杰作

又有人提出，比萨斜塔如此倾斜却能历经数百年而不倒的根本原因在于地质问题。比萨城坐落在远古沉积层上，塔又建在一个不平坦的小坡顶，地基下的黏土层受重压而紧缩，却受压不均匀，导致地面建筑物倾斜。同时随着地下潜水层的变动，又会影响黏土层的收缩。比萨现存古塔 20 多座，都曾有过不同程度的倾斜现象。其中两座时至今日也与比萨斜塔一样是倾斜的，一座是 35 米高的尼古拉塔，另一座是 25 米高的米歇尔塔。他们都是因为黏土层的收缩而倾斜的。至于它们斜而不倒的原因，在于斜塔的整体性非常好，砖石与砖石紧紧黏合在一起，使整个塔成为一个整体。这有点类似于我们现代建筑中的整体混凝土浇筑的高楼大厦，就算是地震来了，这些高楼也不会破碎，只可能整个一下子倒掉。这可以反过来说，如果比萨斜塔的局部脱开，那么它早就断裂倾倒了。

还有人认为，长期抽取地下水会加速地基的下沉，造成倾斜。比如 19 世纪初，有工程师考虑不周，用水泵抽取塔地下的地下水，期望制止倾斜。结果适得其反，这种做法破坏了地下结构，从 1817 年开始，比萨斜塔出现了更大幅度的倾斜。这种情况确实出现在一些现代建筑上，现在的比萨斜塔也

↑ 意大利比萨斜塔近观
比萨人对于斜塔的倾斜感到担忧，但更多的是骄傲和自豪，他们坚信它不会倒下。

可能因为这一原因加速了倾斜，但几乎可以肯定，这并不是它最初的倾斜原因。

至今，比萨斜塔倾斜的原因也没有彻底查清，而另一个更为现实的问题又在困扰着关心它的人们。有人认为它最终会倒塌。比萨斜塔建成以来，每年以 1-2 毫米的速度倾斜。至 1992 年，倾斜度已达到 5.5 度，塔顶中心点南倾 4.9 米，塔顶南侧比北侧低 2.5 米，岌岌可危。有人预言，若无切实的措施加以制止，南侧额外的负荷会压裂基石，并拖动北侧而连根拔起，这将在 2150 年以前引起斜塔失衡而倒塌！

有人却认为它只是围绕中心线来回摇晃，并不会倒塌。1550 年，建筑师瓦萨利加固了塔的地基，竟使斜塔奇迹般的稳定了上百年，倾斜速率微乎其微。后来又恢复了每年倾斜 1 毫米的速率。1934 年，人们对塔基进行防水处理后，比萨斜塔就开始往不同方向无规律倾斜，就在人们焦灼不安一年以后，斜塔又回复到原方向和每年倾斜 1 毫米的速率。所以，有人认为比萨斜塔是不会倒塌的。

到底比萨斜塔的前途会怎么样，只有让时间来回答。

↑比萨主教堂 11 - 12 世纪
比萨主教堂共分 5 个殿，有 4 层凉廊，用 18 根大理石柱支撑，正面有 3 扇大铜门。

↓比萨斜塔全景
比萨斜塔位于比萨市奇迹广场，它是由著名建筑师那塔·比萨诺建造的。比萨斜塔奇特的结构和宏伟的外观吸引了众多游人，它与大教堂、洗礼堂和公墓构成了比萨"奇迹区"。

● 黄昏中的巨石阵
远古的巨石阵真的是天文观测仪器吗?

英国"巨石阵"
到底有什么用处

　　在英国南部的索尔兹伯里平原上，有一群排列得相当整齐的巨大石块，这便是举世闻名的"巨石阵"。　在英格兰南部威尔特郡的历史名城索尔兹堡附近，伦敦西南面137千米处，有一个小村庄叫阿姆斯堡，村西的旷野上耸立着一组高大的巨石，在直径140米的圆形洼地上由30根巨石竖起四个柱状同心圆圈，圆心是一块平坦的石块。世人称之为巨形方石阵。"巨石阵"，英文拼写为"Stonehenge"。

　　巨石阵的主体是一根根排成一圈的巨大石柱。每根石柱高约4米，宽约2米，厚约1米，重约25吨，其中两根最重的有50吨。在不少石柱的顶端，又横架起一些石梁，形成拱门状。巨石阵的主体是由一根根巨大石柱排列成的几个完整的同心圆。周围由一道深6米多、宽约21米的壕沟勾勒出轮廓。沟是在天然的石灰土里挖出来的，挖出的土方正好作为土岗的材料。紧靠土岗的内侧，由56个等距离的坑构成又一个圆圈。由于考古学者奥布里于17世纪首先发现这里，所以这些坑被称为"奥布里坑"。坑用灰土填满，里面还夹杂着人类的骨灰。在这个范围内有两个巨型方石柱一般大小的圆形石阵，并列在一个小村旁边。这些巨石高约七八米，平均重量28吨左右，直立的石块上还架着巨石的横梁。砂岩圈的内部是5组砂岩三石塔，排列成马蹄形，也称之为拱门，其中最高的一块重达50吨。这个马蹄形位于整个巨石阵的中心线上，开口正好对着仲夏日出的方向。

→巨石阵局部

　　据放射性同位素测定，巨型方石阵是一项历时近千年的宏伟工程。这一工程的建造开始于新石器时代后期，约前2750年左右，分三个阶段进行。

据考古学家们分析，那平均重达二十五六吨的青色巨石、砂岩石是从30千米至200千米以外运来的。建造者们首先挖出一道圆形的深沟，并把挖出的碎石沿着沟筑成矮墙，然后在沟内侧挖了56个洞，但这些洞挖好之后又被莫名其妙地填平了。也就是说，最令人费解的奥布里坑就是这一时期所造。前约2000年开始巨石阵建筑的二期工程，这次最早修筑的是一条两边并行的通道。三期工程大约始于前1900年，建成了庞大的巨石圆阵。其后在500年期间，巨形方石柱的位置被不断调整，二期工程的青石也重新排列，终于形成了欧洲最庞大的巨石结构。可惜的是双重圆阵西面部分始终没有竣工，不知何故，建造者们虽然费尽气力把青色巨石运来，但终于没有付诸行动。

据英国考古学家考证，巨型方石阵于前2750年开始建造，距今已将近5000年，其建造时间可能比埃及最古老的金字塔还要早。据估算，以当时的生产力水平，建造巨石阵至少需3000万小时的人工，也就是说，至少需1万人连续工作1年。

在发掘中，始终没有发现用轮载工具或是牲畜的痕迹。建造者们是如何从数十千米甚至数百千米外把巨石运来的？曾有专家组织人用最原始的工具试图把1块重约25吨的巨石从几十千米外运来，但几经努力，都没有成功。从实际操作技巧看，有些巨型石块单靠滚木和绳索，恐怕得用上千人才能移动起来，所以有理由相信，建造者们绝对不是一个未开化的民族。

历经数千年的风吹雨淋，巨型方石阵

有些地方已严重损伤，但整个大石结构依然屹立。尽管现代科学家们借助先进的高科技手段已准确地确定了它的建造年代和建造方法，但却始终无法回答建造这样的庞然巨构到底出于什么目的。

有人认为它是早期古代人建造的墓地；有人认为它是宗教场所；有人认为它是古代罗马祭司建造的祭坛；也有人认为它是战争纪念物；还有人认为是作供奉用的神殿；甚至有人认为它是外星人的创造………

18和19世纪的学者认为，巨石阵是德鲁伊祭司举行宗教仪式的庙宇。德鲁伊教徒居住在森林中，研习着东部魔法师的神秘技术。据说德鲁伊祭司可以施展元素魔法和召唤生物，能自如操作包括风、火和

→英国巨石阵中的巨石它们经历了几千年的风雨洗礼，也见证了人类历史沧海桑田。

土在内的任意元素，甚至引发威力巨大的龙卷风和火山爆发。德鲁伊教徒经常在密林中举行仪式。但据考证，德鲁伊教兴盛前上千年，巨石阵已然建成，所以不可能是他们的祭典圣地。

有人认为，相信多种神灵的古凯尔特人是巨石阵的设计师和建造者，他们在这里举行宗教仪式、解决法律纠纷或向公众发布政令。但据了解，古凯尔特人早在1500年前就从英格兰消失了。

有人认为，巨石阵很可能是一个刑场。原因是最近从巨阵挖掘出了一颗年代久远的人类头骨。现代分析技术认为，这是一具男性骨骸，曾有一把利剑将他的头颅齐刷刷地砍下。考古学家在这颗头颅的下项下发现了一个细微的缺口，同时在第四颈椎上发现了明显的切痕。由于其墓穴孤独地埋在那里，有理由相信，他并非死于一场战争，而是被一柄利剑执行了死刑。在

巨石阵及其周围还曾发现数具人类遗骸。1978年，一具完整的人类骨骼在围绕巨石阵周围的壕沟中被发现，这个男人是被像冰雹一样密集的燧石箭射死的。

最近一种流行的说法是，巨石阵有天文观测的功用。早在18世纪，就有人发现巨石阵有以下特点：巨石阵的主轴线指向夏至时日出的方位，巨石阵中现在标记为第93号和94号的两块石头的连线，正好指向冬至时日落的方向。

20世纪初，英国天文学家洛基尔进一步指出，如果站在巨石阵的中央观察，那么第93号石头正好指向立夏（5月6日）和立秋（8月8日）这两天日落的位置，第91号石头则正好指向立春（2月5日）和立冬（11月8日）这两天日出的位置。因此，洛基尔认为，早在建造巨石阵的时代，人们就已经把一年分为8个节令了，即立春、春分、立夏、夏至、立秋、秋分、立冬、冬至。

↓"巨石阵"鸟瞰

巨石阵是世界上最为壮观的巨石文物之一，建筑者按照某种天象将石柱按一定的顺序组合起来。

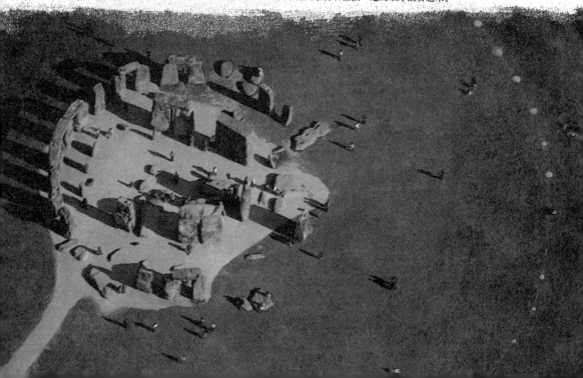

↑巨石阵

巨石阵的那些青石柱最引人注目，石柱上架有楣石，构成极为奇妙的柱顶盘。

洛基尔的研究引起了天文学家和考古学家们的浓厚兴趣。他们联想，巨石阵大概是远古时代人们为观测天象而建造的，它很可能就是一座非常非常古老的"天文台"。

19世纪60年代初，一位名叫纽汉的学者宣称，他找到了指向春分日和秋分日日出方位的标志，并指出91、92、93、94号石头构成了一个矩形，矩形的长边正好指向月出的最南端和月落的最北端。后来，英国天文学家霍金斯用电子计算机进行了大量计算，用巨石阵来预报日食。巨石阵里还有56个围成圈的坑穴，坑内有许多人的头骨、骨灰、骨针和燧石等。霍金斯认为，古人就是用这些坑穴来预告月食。

后来天文学家霍伊尔更认为巨石阵能预报日食。果真如此的话，那么石阵的建造者在天文学和数学方面的造诣，将远比希腊人、哥白尼甚至牛顿还高。天文学家迈克·桑德斯则认为，石阵是在已经了解太阳系构造的基础上建造的。

新石器时代科学技术真能达到如此高的水平吗？那他们为什么没有发明其他轻而易举就能发明的东西，改善一下自己的生活环境呢？显然，这一切只能是"假设"。

对于把巨石阵称为天文台的说法，有人提出疑问：建造者们为什么不用既轻便又很容易从当地得到的木材和泥土来建造这座天文台，而非要到很远的威尔士山区去运来这些大石块呢？再说，上面提到的那些坑穴中的人类墓葬又和天文学有什么关系呢？正是这些疑问，使不少人坚持认为，巨石阵实际上是一种神秘的宗教场所，它和天文台根本沾不上边。

现在，又有人提出一种观点，认为巨石阵既可能是用来祭祀的宗教活动场所，又是墓葬场所，同时也可能还是观测天象的天文场所。这就好像在中国已经发掘出的不少古墓那样，其中也都发现了古代的星图。

曾有一块巨石倒塌下来，现代学者们曾试图把它准确地放回原来的位置，但经努力，终难如愿。为此，有位学者指出：在地球上的位置若有几厘米的偏差，在外太空的计算上就可能达到若干光年。

奇怪的是，曾有学者用当前最先进的仪器设备，检测出巨石竟能发出超声波！古人在刀耕火种的时代怎么会知道超声波呢？难道是外星人在遥远的史前时代光顾了英格兰？

究竟是天文台，还是宗教活动场所呢？或者是二者兼而有之呢？对此人们正在争论之中。

扫码获取更多资源

英国伦敦塔的神秘力量

↑伦敦塔

在伦敦有一座神秘的堡垒，由许多金字塔组成。人们都把它叫作伦敦塔。围绕着伦敦塔有许多传奇的故事。这里曾放置着许多王室珍宝，很多人都曾在这里看见白色的幽灵和鬼魂，这里还曾经被当作监狱……总之，伦敦塔是一个充满传奇色彩的地方。伦敦塔的布局很像一个矩形，有两条护城墙保护着风特尔夫的最初建筑——白塔。在里墙内有13座小塔围绕在它的四周。6个面向河流的塔护卫着外墙，在东北角和西北角各有一座雄伟的堡垒。从法律意义上讲，伦敦塔仍是卫戍部队的驻地及皇家领地。伦敦塔和巴黎的巴士底狱十分相似。这座塔的最邪恶的目的是用作监狱，特别是用来关押那些反对国家的人。

伦敦塔是许多有关鬼魂作祟报道聚集的焦点。这些鬼魂总与发生在塔内的故事有关。

120

有报道说，瓦特·罗利爵士的鬼魂曾沿着塔楼的通道悄无声息地从上到下行走，顺着他在被关押年月里散步的路线，一个牢房又一个牢房地依次走过。一个穿着白色裙子的女人常常会出现，在塔楼间的草地上随后又消失，来去的速度总是一样。人们猜测她是亨利八世某个不幸的王妃。晚上监听的岗哨声称他们曾听到过盖伊·福克斯被刑讯逼供财宝藏在何处，他在拉肢刑架上被拉抻受刑时发出一阵阵的惨叫声。

很多人都曾在塔中被处死。可怜娇小的简·格蕾夫人是那些在塔中被处死的名人中的一个。

在简夫人被处死403年后，1957年2月12日，有一个在伦敦塔值勤的士兵十分肯定地说，他看到了简的幽灵就在城垛上面游荡。他马上叫起另一个守卫，据那位说他们所见的的确是简夫人的鬼魂。人们常见的鬼魂还有不幸的安妮·博林的幽灵，据说她的鬼魂经常在她的家，诺福克的布立克林大宅中出现。在汉普顿宫，亨利八世其他几个不幸的妻子好像都在死后回过魂。就是在伦敦塔，人们也见到过安妮的鬼魂，据说有许多目击者见到一个没有头的女性鬼影经常出现在王后寝宫的周围，那是她在被处死前被禁闭的地方。

根据这些报道和传说，我们似乎可以认为伦敦塔是一个"幽灵的世界"。那么真的有鬼魂吗？那些目击证人看到的不会是自己的幻觉么？那些游荡的幽灵是在给自己鸣冤么？这些鬼魂又来自何处？现代科学无法解释这些的问题。伦敦塔在人们心目中仍是一个古老而又神秘的地方。

←伦敦塔
最早的石造建筑。共
38间石屋，面积500
平方米。

↑ 巴士底狱被攻陷的情景

↑ 枢机主教黎塞留像

藏有神秘 "铁面人" 的巴士底狱

法国的国庆节是 7 月 14 日，这一节日是为纪念当年巴黎市民攻占巴士底狱而设立的，然而，谁能想到，当年的巴士底狱还隐藏着一位神秘的人物。

1789 年 7 月 14 日黎明时分，巴黎市民成群结队地奔向巴士底狱。他们有的握着长矛，

←丑行的滋生

路易十三统治时期，骄纵放肆的贵族宴会作乐时的情景。

有的拿着火枪，有的手中高举斧头，巴士底监狱在他们的呐喊声中被彻底摧毁了。他们在监狱的入口处发现了一行写着"囚犯号码 64389000，铁面人"的字。可究竟铁面人是谁，却无法考证，囚犯的身份从此成了一个永远的谜。

迄今为止，人们对"铁面人"身份有很多种猜测，一种观点认为，"铁面人"

是路易十四的亲生父亲多热。此种观点以法国社科院院士潘约里为代表，详细的论述见于他1965年出版的《铁面罩》一书。

据史料记载，一直以来路易十三与王后安娜就十分不合，二人长期分居。为了使他们夫妻的关系得以缓和，当时任首相一职的红衣大主教黎塞留曾从中调解，路易十三与王后最后重归于好。但是，在国王与王后分居这段时间里，王后已经同贵族多热有了孩子。为了避人耳目，多热在孩子出生后，就不得不流落他乡。后来孩子逐渐长大，继承了路易十三的王位，他就是路易十四。得知这一消息后，多热悄悄返回，向路易十四说了实情。谁知，路易十四竟然不认他！在如此尴尬的情况下，路易十四既不好下毒手杀害，又害怕丑闻暴露，只好想出了这个绝招，给他戴上面罩，使他在监狱里度过余生。在法国大革命后这种说法流传相当广泛且影响深远。但这种说法也存在很多疑点，依据当时巴士底狱监狱中犯人的原始材料的记载，在"铁面人"突然死去时，他的年纪约为45岁，而那时，路易十四已经65岁了，矛盾是显而易见的。除非这些原始材料是当时监狱里的官员依照某些指令专门这样记录的，否则这种说法完全不可能成立。

↑参观皇家科学院的路易十四

↑凡尔赛宫内景

另一种观点认为，"铁面人"是当时的警察头子兼法官拉雷尼。这一观点是维尔那多在他1934年出版的《皇后的医生》一书中提出的。

在书中维尔那多写道："拉雷尼的叔父帕·科其涅是一个非常有名的宫廷医生，负责服侍路易十三的王后安娜。他在路易十三死后，奉命对尸体进行解剖，不料竟然发现死者并不是路易十四的生父。他把这件事告诉了拉雷尼。路易十四知道后，为了不让丑闻暴露，于是下令拘捕拉雷尼并把铁面罩套在他头上，不让别人认出他来。"

还有一种观点认为，"铁面人"是路易十四时期的财政大臣富凯。也有说"铁面人"是意大利的马基奥里伯爵，但也都是疑团重重。

上述任何一种观点，似乎都有一些道理，但同时也有很多的疑点。迄今为止，"铁面人"的身份仍旧是个谜，留给那些感兴趣的法国人民在庆祝国庆之余细细玩味。

史前图书馆之谜

我们的祖先以何种方式生存，他们如何交流，与自然有着怎样的关系？

无论在世界的哪个角落，我们都会发现他们为后人留下的记载，而且其中不乏惊人的相似之处。现在让我们去看一下意大利的瓦尔卡莫尼卡，那里同瑞典、法国和葡萄牙一样，成千上万的岩石雕刻讲述着人类的史前史。让我们试着"解读"一下这些先于任何字母的沟通体系。

瑞典博赫斯兰的塔姆地区有着巨大的弗松岩刻。这里是欧洲后旧石器时代岩刻艺术荟萃之地，著名的岩刻就多达1500余处，共计4万多个形象，内容包括船舶、武士、武器和动物等，雕刻的年代大约在前1500－前500年之间。

瓦尔卡莫尼卡的农民称岩石雕刻为"皮托蒂"——玩偶。在这个曾居住过卡穆奈人的伦巴第大区的峡谷里，每年都会有新的岩刻被发现，几十个、几十个的。这些岩刻画包括武士、走兽和武器的巨大的系列展示图，还有狩猎和耕耘的情景。这些仍是谜团的

↑瓦尔卡莫尼卡岩石画

瓦尔卡莫尼卡岩石画的创作年代，最早可以追溯到1万年以前。更新世的冰川退去之后，一些半游牧的狩猎部落在瓦尔卡莫尼卡定居。因此，最初的岩画主要描绘的是大型野兽。

符号在向我们讲述着远古的人类，我们的祖先。

现在让我们想象一下当时的情景。我们可以设想处于公元2000多年前的任何一个时期：一个人以灵活而准确的动作，锤击着一块巨大而平滑的岩石。岩石离村庄不远，上面被冰川冲刷出许多条划痕。他锤凿的技巧是，用一块削尖的坚硬石头重复地敲击巨石的平面，获得一系列的米点效果，从而构成各种造型。有时造型周围已经有一些被填平了的浅线条的雕刻。

↑瓦尔卡莫尼卡峡谷
其长约70千米。峡谷内的2400块巨大的岩石上，有1000万幅石刻画。

常常有这种情况出现：新的形象靠近甚至重叠到一些更为古旧的形象之上。在同一块岩石上，有一部分充满史迹，而另一部分则令人费解地空白在那里。结果就形成了一种繁杂的壁画，成了难以想象的和等待人们去破译的史前史图书馆。破译谈何容易。这些岩刻的含义还是学者们仍在研讨的课题。

学者们进一步解释说："尽管说综合诠释并不那么简单，因为岩石艺术显示的技巧高超，风格多样，内容和质量博大精深，但是我们还是有理由去到神灵的领域里寻求答案。"这些雕刻起初似为一种象征性的东西。铜器－青铜器时代（前3000－前1000年）的武器和工具是单独放置的，从未握摸和使用过。有时会出现一种难以解释的构图神话，也可理解为一种宗教思想。

随着铁器时代（前1000年左右）的到来，岩刻表现的场景特色具有了讲述故事的性质。在这个年代，特别是在瓦尔卡莫尼卡这地方，尽管岩刻主题各异，但有些题目却占有重要地位：比如武士的造型和鹿的造型。很多画面都表现了狩猎此种动物的情景，但带有怪诞色彩。比如，我们不明白为什么猎人握着投枪，而不是使用射程更远的弓箭这一更为有效的武器；还有，骑手常常是站在马上，好像是考验他的灵巧性；决斗者被刻画成携带着非真实性武器的形象，不是流血形象，因此并非显示战争情节。这就使人想到岩刻的含义很可能与青年人进入青春期时要经受的考验联系在一起。

还有专家认为，可能是刚刚迈入青春期的贵族征战者在启蒙导师的指引下，聚集在远离村庄的一块僻静之地，去度过他们能够享有成人权利的过渡期。我们发现了一张19世纪的地图，上面标有瓦尔卡莫尼卡地区现在的纳夸乃岩刻天然公园和阿夸乃的解说词。我们从现在仍在阿尔卑斯

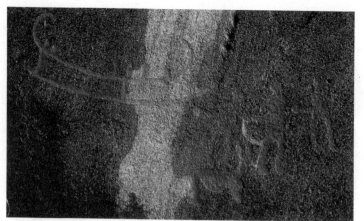

↑塔姆地区崖刻画
塔姆崖刻画位于瑞典哥德堡，形成于前1500年～前500年的青铜时代。

山东部和中部一代流传的神话故事中得知，阿夸乃是水族中的一群仙女，她们的使命就是帮助青年人克服生活中的困难。因此雕刻中的故事可能就是当时神化需求的反映。对卡穆人来说，那些神仙可能就生活在那里的岩石之上。

这种解释还不能使意大利史前史艺术权威之一的埃玛努尔·阿纳蒂完全信服。要知道，不管是谁从事这方面的研究都离不开他的研究成果和由他领导的卡穆人史前史研究中心所展开的工作。他认为：瓦尔卡莫尼卡铁器时代的造型，首先表现的是对死者丰功伟绩的怀念与赞颂，以及对神话的崇拜。这些形象反映了人们同逝者、祖先、英雄人物以及至高无上的超自然力量之间进行精神对话的需求。在一些画面中，我们看到了有狩猎或者猎物的场面，这好像就是人们为了得到他们所企望的物质在祈求神灵的恩佑。在岩刻中也不乏对日常生活的现实描绘。还有，人们都拥有自己的圣地。瓦尔卡莫尼卡、贝戈山和奇迹山谷位于阿尔卑斯山伸向法国一边的那些山坡就曾经是青铜时代人们定期朝观的圣地，他们在那里举行隆重的庆祝仪式。贝戈山巍峨壮观的雄姿和有时突发的暴风骤雨、雷电交加的情景，会给那个时代的人类留下十分深刻的印象，他们很可能把这一切都归因于那是神灵居住之地。

这类史前史图书馆在欧洲的许多地方都存在，但瓦尔卡莫尼卡的史前史图书馆却是首屈一指的。它拥有30万个造型，涵盖了从中石器时代（即从前8000年起）至罗马人到来这一时间的跨度。法国的奇迹山谷讲述着铜器和青铜器时代文明的许多故事，而人们在瑞典的博赫斯兰地区，挪威的阿尔塔，葡萄牙的科阿河谷也发现了几十个动物造型，可以称得上是1万年以前后旧石器时代动物形态的典型索引。

也正是在这里，不久前证实，这一人类的遗产正在遭受着巨大的威胁，在这些有着丰富的岩石雕刻的地区，2年前开始了水力发电站水库的建设，很大一部分岩刻被湮没在水下和泥土之中。只是在葡萄牙公众舆论的压力下，这一破坏行为才被制止。在瓦尔卡莫尼卡地区正在进行的工程同样是有害的：建设中的隧道和高压输电网距切莫大岩石仅有数米，竖立的电线支架就紧靠着著名的岩刻，而道路则刚好从纳夸乃国家公园的底下通过。这叫人怎么说呢？数千年保留下来的这些人类财富，在我们还没弄清楚它的来龙去脉时就可能被人的无知毁于一旦。

玛雅人为何要背井离乡遗弃古城

在 600 年，整个玛雅民族离开了辛苦建筑的城池，舍弃了富丽堂皇的庙宇、庄严巍峨的金字塔、整齐排列雕像的广场和宽阔的运动场。玛雅文明开始衰微，征兆是不再雕刻石碑。以蒂卡尔而言，当地最后一块石碑完成于 869 年，整个玛雅区最后一块石碑则完成于 909 年。不但如此，神殿、宫殿等最足以代表玛雅文明的建筑也不再兴建，彩陶也不再制作，一般民众也很少兴建新房舍，城市四周的人口急剧减少，考古学家估计当时的蒂卡尔人口，至少减少了 2.5%。

8 世纪后，枯草蔓藤大肆地侵入住宅和市街，使那里变成了一片废园残景，究竟发生了什么重大变故，使得玛雅人抛弃了美丽的江山故国？虽然历史上也常见民族因战争而灭亡，但玛雅人的城市既不毁于战火，也不毁于天然灾难，这已经由历史学家证实了。

从 10 世纪初期开始至 1492 年发现美洲大陆，约 600 年间，中美洲的居民，深陷于因无知而引起的战争深渊中。16 世纪西班牙人进入犹加坦半岛之前，原来只有一种的玛雅语，已经分化成 27 种方言。

↑保存于马德里的玛雅古抄本

任何一个古代文明都有自己的文字体系，文字是文明形成的标志，然而，玛雅的象形文字对现代人说来真是一部天书，它的谜底直到今天仍未解开。

世界
建筑
未解之谜

127

玛雅文字的发现为解开玛雅消失之谜提供了信息。玛雅人培育的玉米、土豆和西红柿，现在已经传遍世界。玛雅人能算出一年为 365.2420 天，这和现在已知的一年为 365.2422 天的精确数字只有 2 / 10000 的差距。玛雅人是从哪里学来的呢？他们为什么要把自己的城市建在丛林之中呢？后来又为什么要抛弃自己的城市而遁迹他乡呢？总之，有关玛雅文明的来龙去脉，有关玛雅文明跟世界其他古文明的关系，至今依然是一个未解之谜。彻底解开这个历史之谜的钥匙只能是文字，只能是用文字记载的反映玛雅人社会、宗教、政治、经济状况及其发展进程的各种文物。

1834 年，有一位祖籍西班牙的英国人胡安·加林多在洪都拉斯西北部跟危地马拉交界处的丛林里，发现了一座刻有神秘文字和优美雕塑的石碑和祭坛。尤其引人注目的是，这里有一座刻满了玛雅象形文字的台阶，其高达 30 米。这个地方，就是现在洪都拉斯共和国西部科潘镇附近的玛雅古城科潘遗址。

玛雅史学家认为，科潘是一座存在于 455 年到 805 年左右的玛雅古城。就其纪念性建筑物的数量和规模而言，科潘无疑是仅次于蒂卡尔的玛雅第二大古城。 科潘的中央建筑群占地近 40 公顷。举世闻名的"玛雅象形文字台阶"就在其中。

"玛雅象形文字台阶"在一个长 100 米左右，宽约 40 米的长方形大院内（又称北卫城）。旁边有一座建于 756 年的第二十六号神庙，在神庙的废墟上，现在仍然耸立着一座著名的玉米神塑像。再往北是一个边长 80 米的方形大广场。广场一侧中间耸立着一座金字塔，其他三侧均有一排石砌围墙。在科潘发现的 20 座石碑和 14 座祭坛大部分都在这个广场上。

象形文字台阶是玛雅文字的宝库。台阶高 30 米左右，宽 10 米左右，共有 63 级，每隔 12 级有一个石雕像，一共刻有 2500 个玛雅象形文字。这些文字有的像人，有的像鸟兽，还有的是一些圈圈点点。文字四周都雕有花纹。

但是，由于当年西班牙殖民主义者的大肆破坏，玛雅文化遭到了一场空前的浩劫，以致后人已经很难再了解它的历史真貌。于是，种种猜测代替了科学的研究，大胆的

－玉米神像

这位女神象征着成熟的玉米，对玉米神的崇拜是前殖民时代美索亚美利加共同的信仰，只不过各民族崇拜的玉米神名称和形象不同而已。

幻想填补了玛雅史上的空白。有人甚至认为，玛雅丛林里的一切文明都出自外星人之手，或者，玛雅人本身就是天外来客。还有人认为，玛雅文明是传说中的大西国居民们的杰作。诸如此类的猜测和想象，虽然富有魅力，但毕竟缺乏真凭实据，最多也只能当作推测和幻想而已。

有人认为，玛雅毁于外族入侵。在蒂卡尔遗址上，考古学家发现许多覆盖于岩石及崩坏的拱形屋顶之下的坟墓，却未发现任何修复的迹象。附近神殿和宫殿的壁画也受到严重的破坏，石雕人像的脸部多半被削掉，石碑也被移作其他建筑的建材。这些现象证实有外族入侵，玛雅人根本来不及抵抗便溃退了。在犹加敦半岛，玛雅人于西班牙人入侵之前，就因流行病与内乱衰亡了，可是有关 9 世纪时灭亡的丛林玛雅的消失，却至今都毫无线索可追寻。

有一派学者认为是因为城内粮食不继，建于丛林中的玛雅帝国，在发觉此地无以维生后，便做了一次种族大迁徙，来到齐乾伊莎定居，又绵延两个世纪才灭亡。

玛雅文明消失的原因众说纷纭，大多数人相信当时遭受地震、飓风的侵袭，加上人口爆炸、粮食不足、农民暴动和异族侵入等原因，造成玛雅文明的衰亡。但是，确实的答案还未出现，这个秘密地解开，有如拼图游戏一般，目前不过刚刚开始。

雄伟壮观的 "太阳门" 是如何而来的

在层峦叠嶂的安第斯高原上，有一个名叫提亚瓦纳科的小村庄，它位于秘鲁东南部靠近玻利维亚边境的地方。小小的提亚瓦纳科村本身并没有什么出奇之处，但在村庄附近却有一个散落在长1000米、宽400米的台地上的大遗迹群。这就是世界闻名的前印加时期的提亚瓦纳科文化遗址。

↑提亚瓦纳科的巨型太阳门

提亚瓦纳科的巨型太阳门是由一块重约1000吨的石头雕琢而成。比雕琢这座巨门更富挑战性的是将此巨石从数英里以外的采石场运来，据此，考古学家们展开了种种推测。

遗址被一条大道分成两部分，大道一侧是阶层式的阿加巴那金字塔，另一侧是至今仍保存得很完整的卡拉萨萨亚建筑，在卡拉萨萨亚西北角就是美洲古代最卓越的古迹之一——太阳门。

太阳门是由一块重达百吨以上的整块巨石雕刻而成的，它高3.048米，宽3.962米，中间凿开了一个门洞。据说，每年9月21日黎明时分，第一缕曙光总是很准确地从门中央射入。

这座雄伟壮观的太阳门是怎样建造起来的呢？它又有什么用处呢？对于这些疑问，至今还没有人能做出正确的解答。

关于太阳门的来历，在当地有过两种传说，一说是由一双看不见的大手在一夜之间把它建造起来的，另一说是由一个外来的朝圣者变出来的，门上的那些雕像也是由那个朝圣者把当地的居民变化而来的。

然而，传说毕竟是传说，代替不了历史事实。为了弄清太阳门的真实来历，许多国家的学者们做了大量艰苦卓绝的工作，也取得了很多重要的进展。

美国考古学家温德尔·贝内特用层积发掘法，证明太阳门和其他一些建筑是在1000年正式建成的。这里曾经是一个宗教圣地，朝圣的人们跋山涉水去那里参加仪式，可能

←提亚瓦纳科遗址

提亚瓦纳科是繁盛于公元第一个千年文明的礼仪中心，印加这个神奇民族的成就一直是人们幻想和传说的话题。

就在朝拜的同时采运了石料，建造起了神殿，而太阳门就是这座神殿的一部分。

以上观点得到了很多学者的支持，但如果真是这样的话，却有一些事情不好解释。据估计，在当时要把数十吨甚至上百吨重的石块从5千米外的采石场拖拽到指定地点，每吨至少要65人和几里长的羊皮拖绳，这样就得有一支2.6万人左右的队伍，而要解决这支大军的吃住，非得有一个庞大的城市才行，这在当时还没有出现。

著名的玻利维亚考古学家卡洛斯·桑西内斯认为，提亚瓦纳科曾经是一个举行宗教仪式的中心场所，而太阳门则是卡拉萨萨亚庭院的大门。门楣的图案反映了宗教仪式的场面。

阿根廷考古学家伊瓦拉·格拉索则认为，太阳门可能是阿加巴那金字塔塔顶上庙堂的一部分，理由是它作为一个凯旋门或庙堂的外大门，显得过于矮小，尤其是中间的过道，高个子如不弯下腰就通不过去。

美国的历史学家艾·托马斯则认为，这里并不是一个宗教中心，而是一个大商业中心，或者说文化中心。阶梯通向之处是中央市场，石门框（即太阳门）上的浅浮雕有两种。

1949年，苏联的几位学者成功地破译了太阳门上的部分象形文字，发现它是个石头天文历，只不过它不是一年365天，而是290天，即在一年中的12个月里，10个月24天，2个月25天。这样的历法在地球上有什么用呢？于是有人推测提亚瓦纳科文明来自外星世界，它是某一时期外星人在地球上建造的一个城市，太阳门是外空之门。

又有人根据这里的另一处象形文字，发现太阳门上留有大量天文方面的记载，记录了2.7万年前的天象，其中还有地球捕获到卫星的天象，而当初卫星的"一年"是288天，后来卫星崩溃就成了月球。由此就可以得出结论，太阳门是当时人用来观察地球卫星用的。

然而，这种解释本身就难以让人信服。在2.7万年前，最先进的地球人还处于石器时代，他们有这样高深的天文知识和高超的建筑技能吗？

"太阳门"的秘密还需要人们进一步探索。

↑雕刻无比细腻的提亚瓦纳科神装饰着城池的诸多巨门。在整个印第安山区，直到秘鲁北部的陶器和纺织品上都发现了同样的形象，一些考古学家因此认为提亚瓦纳科文化的影响十分广泛。

印加人

神秘莫测的藏宝点之谜

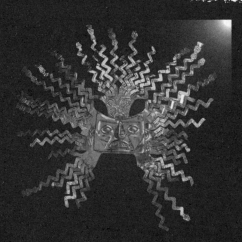

↑ "印加" 在印第安人语言中意为 "太阳之子"，图为黄金制成的印加太阳神像。

↑ 传说中黄金国酋长每到盛大节日周身涂抹金粉，远处是部落的人们在狂欢痛饮。

由于西班牙人对黄金的大肆抢夺，印加人很可能把他们世代积累起来的金银财宝隐藏起来了。后世估计1533年被印加人隐藏起来的黄金是从11世纪以来14个印加皇帝收敛的财富，其价值相当于16世纪至19世纪初秘鲁金矿所开采的黄金总和。那么，这批巨额财宝究竟藏于何处？

有关印加人藏宝的地点众说纷纭、莫衷一是。主要有四种猜测和看法。

第一种猜测，藏于亚马孙密林中的黄金城和黄金湖。当年，皮萨罗一伙开进库斯科城后发现大批黄金被转移了，他们不但想知道这批黄金藏于何处，更想了解它们来自何处。于是，西班牙人抓来一些印加贵族严刑拷打，重刑之下有一位贵族吐露出黄金的秘密：这些黄金珍宝全都是从位于亚马孙密林中的一个印第安酋长帕蒂统治的玛诺阿国运来的，那里金银财宝堆积如山，难以数计。亚马孙密林中隐藏着用之不竭的黄金。但这一神秘的地方，除了国王和巫师外，谁都不清楚在哪里。

第二种猜测：印加人把金银财宝隐藏在的的喀喀湖。的的喀喀湖是印加人所崇拜的太阳神和月亮神的儿子下凡到人间来创建印加帝国的圣地。它地处玻利维亚与秘鲁交界处，湖面海拔3812米，面积8290平方千米，水深一般在20米以上，最深处有304米，是世界上海拔最高的可通航的淡水湖。很久以前，印第安人就在湖畔生息，他们称的的喀喀湖为 "丘基亚博" 即 "聚宝盆" 的意思。湖畔周围蕴藏着丰富的金矿，印加人把开采出来的黄金经过冶炼后制成黄金装饰品。

1533 年 12 月，皮萨罗曾派一部分殖民军去的的喀喀湖寻找过印加人的金宝。不久他便率军侵占了这个地区，大肆屠杀当地无辜的印第安人，疯狂掠夺当地的金银财宝。但是，直到 1541 年 6 月皮萨罗被其仇敌偷袭刺死时，西班牙人也始终没有寻到被印加人隐藏起来的黄金。

第三种猜想：印加金宝藏在萨克萨伊瓦曼要塞的地道里，因为此处是印加人传统的藏宝之地。萨克萨伊瓦曼要塞被世人称为南美洲印第安人最伟大的军事工程建筑之一。在土著印第安语中意思是"山鹰"。要塞里还有太阳神庙、王室浴池以及竞技场等建筑群落。在要塞的中央曾耸立着一座倒塔状建筑物，在圆塔的一个构造特别的平台上，有一个迷宫般曲折复杂的通道连着地道。

↑弗朗西斯科·皮萨罗像

可是，由于明沟暗道实在复杂，也许除了印加皇帝和他的几个亲信知道秘密入口外，其他人都难以找到地道的入口。西班牙人曾想发掘萨克萨伊瓦曼地道，但面对错综复杂的明沟暗道和艰固的建筑物，他们好似海底寻针谈何容易！

第四种猜想：印加帝国的大后方"马丘比丘"可能是印加金宝的一个主要隐藏之地。"马丘比丘"在土著印第安人语言中意即"古老山顶"。相传当年印第安人为反抗皮萨罗的血腥掠夺，将 1575 万磅黄金埋藏在一座隐匿于安第斯山深山幽谷里的城市附近，后来西班牙人和 300 多年来不少探险队，都曾在群峰密林之中寻找过这座"古老峰顶"上的城堡和这批失踪的黄金，但不是徒劳往返，便是一去不复返，始终没有发现任何踪迹。悲观者在失望之余干脆声称，根本不存在什么"马丘比丘"。然而，1911 年 6 月美国耶鲁大学研究拉丁美洲历史的年轻助教海勒姆·亚·宾厄姆却发现了这座失踪 400 年之久的古城。

宾厄姆经过实地考证后认为，马丘比丘是印加传说中的圣城，是印加文明的摇篮。相传它是古代阿摩达王朝的根据地。印加末代皇帝是知道印加金宝的主要隐藏之地的。但随着他的死亡，很难知道还有何人也掌握印加金宝藏的秘密。

↑今天的瓜塔维塔湖正是传说中的黄金湖，也是印加人心目中的圣湖。

印加人的 "巨石文化" 是怎样创造出来的

↑ 马楚皮克楚历史圣地

位于秘鲁东南部的库斯科省，距省会库斯科城西北约80千米。马楚皮克楚的意思是"古老的山峰"，它居于两座险峻的山峰之间，面积13平方千米，海拔2280米，是印加帝国都城遗址。

地震的一次次摧残，这座山城中的多数建筑已经倒塌，但仍有216间石屋至今仍完好无损。尤其是这座山城中用花岗岩巨石砌成的墙垣，更是巍然屹立。建造这道墙垣的石块，体积大小几乎相等，层层叠加，不施泥灰抹缝，却坚固无比。在简单的金石工具的时代，印加人的石砌技术能达到如此精湛的程度，既让人感到无比惊奇，又感到不可思议。

在印加人留下的遗迹中，最引人注目的特点就是以巨石为材料的建筑艺术，其规模之宏大，技艺之高超，常常显示出超越当时的工艺水平。考古学家和史学家就把这些巨石建筑说成巨石文化，首先应该介绍的是印加帝国的首都库斯科。这座城市的主要建筑全部由精工凿平的巨石砌造，石块之间没有任何黏合剂衔接，但却至今连剃须刀片都插不进去。

1911年，美国的考古学家海勒姆教授，在秘鲁库斯科以北120千米处的高山上，发现了一座被人们遗忘了300多年的神秘古城——马楚皮克楚。

马楚皮克楚位于海拔2450米的丛山之巅，据考证，此城建于15世纪，是南美洲西部的印加帝国第八代国王帕查库蒂·尤潘基统治时期（1438～1463或1471年）的历史遗迹。数百年来，历经山洪暴雨和雷击

在库斯科城四周的山岭上有很多古堡，其中城北的萨克萨瓦曼古堡有三道石

墙围护，每一道石墙高 18 米，长 540 米以上。每块巨石长 8 米，宽 4.2 米，厚 3.6 米，体积约 121 立方米，重量达 200 吨。在 500 多年前的美洲，既没有钢铁工具，又没有开山炸药、车轮技术，印加人怎么能开采出如此巨大的石料呢？又怎么能运到目的地呢？这些疑问都让人困惑不解。

↑ 马楚皮克楚梯田遗址

许多考古学家和历史学家经过长期研究和考察认为，印加人石砌技术的秘密正在逐步为人们所认识。印加人的叠石建筑艺术，是从以前各个时代的巨石文化传统中继承下来的。在印加帝国鼎盛时期，又将各地优秀的工匠集中到库斯科，从而为巨石文化的进一步发展创造了前提。在进行大规模的建筑活动中，又总是出动上万人做工，这就使得滚木运石的方法得以实行。

法国著名学者、美洲史专家波尔·里维等人通过考证指出，印加人虽然还不知道怎样冶炼钢铁，但他们却能够利用铜、锡、金、银的不同比例，配制成多种合金，并熟练地掌握了锻造、加工和成型蜡模浇铸等工艺技术。特别是他们使用含锡量不同（3% ~ 14%）的青铜合金，再经过高温锻炼，就可以造出坚硬如铁的斧、凿、钎、锤等破石工具，这样就可以比较轻松地进行巨石开采。

↑ 库斯科城梯田和灌溉渠遗址

对于印加人加工巨石的方法，秘鲁的专家们获得了一个惊人的发现。他们在对库斯科附近的一个采石坑进行考察时，发现里边有许多植物的枝叶残迹。据当地传说，有一种啄木鸟，常常用嘴衔着一种神奇的植物在岩壁上钻孔筑巢。照此推测，这种植物具有软化石头表面、降低岩石硬度的奇妙功能。印加人掌握了用这种植物软化岩石的方法，然后再利用金属工具，就可以随心所欲地对中长石、玄武岩、闪绿石进行加工，凿成各种形状，刻成各种浮雕。

如果真是这样的话，那么巨石文化的秘密就基本揭开了。可惜的是，以上解释只不过是专家们的推测，还需要加以证实。

↑ 马楚皮克楚古城俯瞰

美洲金字塔
与埃及金字塔真的有关系吗

　　埃及的金字塔世界闻名，于是有人就以为金字塔是古埃及特有的建筑。其实这是一种误解，在世界上的许多地方都有类似的金字塔建筑。

　　世界上最大的金字塔就不在埃及，而是在墨西哥城东部。这尊金字塔比胡夫金字塔

● 特奥帝国华坎城的羽蛇金字塔　美洲

还要大 15%。此外，墨西哥还有太阳金字塔、月亮金字塔、羽蛇神金字塔等数座。危地马拉北部有一个蒂卡尔金字塔群，其中有 5 座属于大型建筑，高 70 米。洪都拉斯西部的科潘金字塔，有准确的天文定位。天狼星的光经过南墙上的气流通道，直射到长眠于上面厅堂中的法老头部；北极星的光直射到北墙上的气流通道，径直射进下面的厅堂。亚洲柬埔寨的吴哥窟也矗立着许多座金字塔，不过它们不像埃及金字塔那样外表不加修饰，而是周身镂满了花纹，并附有许多小宝塔。

除此之外，在希腊、伊拉克、印度、秘鲁、印度尼西亚等地，都发现了金字塔建筑。

尽管世界上许多地方都有金字塔的遗迹，但数量最多的还是埃及和美洲这两个地区。在埃及的尼罗河畔，矗立着大大小小十几座金字塔。而在美洲的尤卡坦盆地的密林里，安第斯山地区的平原上，到处都可以看见金字塔的雄姿，墨西哥特奥蒂瓦坎的太阳金字塔高 64 米，底边宽约 220 米，规模之宏大完全可以与埃及的胡夫金字塔相媲美。

与埃及的金字塔一样，美洲金字塔在建造年代、施工方法、当时

↑金字塔内部实景

的用途等方面，也都留下了很多难解之谜。但最令人感兴趣的还是这样一个问题：美洲金字塔与埃及金字塔有没有联系呢？

一种意见认为，美洲金字塔完全是埃及金字塔的翻版，也就是说，美洲金字塔不可能是当地人自己凭空建造起来的，而是在埃及金字塔影响下出现的。坚持这种意见的学者们提出以下几点理由：从外形上看，美洲金字塔同埃及金字塔虽然有一定差异，但都具有相似的有规则的几何形状。从用途上看，美洲金字塔虽然大都是神庙台基，但也有当作墓穴用的。1958 年，考古学家在墨西哥南部的"铭记神庙"金字塔内部，发现了一个墓室，石棺里有头部盖着玉制面具的尸体。同古埃及金字塔一样，墓中也有随葬物品。

如果上述意见是正确的，那么接下来的问题就是，关于金字塔的概念以及建造方法是怎样从埃及传到美洲的呢？要知道，埃及和美洲之间隔着宽阔的大洋，对于古代人来说，跨越这种阻隔的难度不亚于登天入地。而有些学者认为，即使在几千年前，横渡大洋偶获成功的可能性也并非完全没有。现代水上运动的实践，也证明了这一点。另外，有迹象表明，早在前 800 到 680 年间，埃及人就同美洲人有过接触，而美洲金字塔恰恰是在这之后出现的。

● 图为蒂卡尔金字塔，蒂卡尔位于美洲危地马拉北部佩藤地区的热带丛林中，是玛雅古典
时期出现的第一个城市。金字塔是蒂卡尔最主要的建筑成就。它的基座一般不如埃及金字
塔大，所以形成高峻奇峭的外部轮廓，从外观上来看，它与埃及金字塔也有较为明显的区别。

另一种意见认为，美洲金字塔并不是洲际文化交往的结果，它完全是美洲土著居民独立创造出来的。坚持这种意见的学者认为，美洲金字塔和埃及金字塔之间的不同处大大超过相似处。美洲金字塔是印第安人举行宗教仪式的地方，而不是作为墓室，像"铭记神庙"那样兼具墓室功用的金字塔，在美洲是极为罕见的。还有许多美洲金字塔是建成以后从外面挖下去形成墓室，并不是一开始就当作墓穴用。美洲金字塔的外形不像埃及金字塔那样是四棱锥形的，而是四棱台型，台上建有神庙，而且塔身分成若干级，正面还有台阶，可以一级级走到塔顶。从建筑学的角度看，美洲金字塔作为神庙的台基，当时的工匠更容易想到把它建成金字塔形状，因为只有建成这种形状才最稳固，其重心只及高度的 1/4 到 1/3。

　　以上两种意见，究竟哪个正确呢？在没有掌握更多的材料之前，还无法对这个问题做出确切的答复。

　　金字塔形建筑的时间都很久远，而当时各民族之间几乎没有往来，为什么会造出相同式样的建筑物呢？相近的样式又说明了什么？它们可能是出于同一个设计师之手吗？建造过程是否也是一样的？建造如此庞大的建筑的目的和用途又是什么呢？

　　面对这一堆堆的问题，很多人无从解释，只好统统推给外星人。而假如是外星人建造了这些金字塔，那么证据又在哪里呢？还有许多人认为这种现象根本不用解释，在人类文明演进的过程中，各地区各民族之间都曾有过相同的发现，比如圆形车轮、山形屋顶等。由于金字塔形建筑同时符合最高、最稳定、最省料的要求，又省工、省时，所以各民族通过长期探索，在不同的时候得出相同的结论，也并不奇怪。

　　然而，以上解释都只是一种推测，没有真凭实据的支持，就没有说服力。世界各地的金字塔之间是否有联系呢？很可能有别的原因。但是这另外的原因又是什么呢？人们还要苦苦追问。

↑海夫拉金字塔及狮身人面像

五千年前埃及人以非凡的智慧建造了金字塔，五千年后的人们仍在探究它的神秘。无独有偶，美洲金字塔也给我们留下了许多的难解之谜。

↑俯瞰金字塔

埃及金字塔有许多奇妙的地方。正方形底面的边正对着东西南北四方。这说明古埃及人已能确定方位。据说，把金字塔底面正方形对角延长，恰好能将尼罗河三角洲包括在内。

美洲 "黄泉大道" 之谜

　　在南美，印第安部落的奇怪消亡，使得许多印第安人创造的文明得不到明确的解释，成了历史之谜。

　　在美洲的著名古城特奥蒂瓦坎，就有这么一条被称为"黄泉大道"的纵贯南北的宽阔大道。它被称作这样一个奇怪的名字，是由于公元10世纪时最早来到这里的阿兹台克人，沿着这条大道来到这座古城时，发现全城没有一个人，他们认为大道两旁的建筑都是众神的坟墓，所以就给它起了这个名字。

　　1974年，一位名叫休·哈列斯顿的人在墨西哥召开的国际美洲人大会上声称，他在

↓特奥蒂瓦坎遗迹
从月神金字塔前俯瞰，正中的大道正是长4000米、宽45米的"黄泉大道"。祭祀活动中，祭司将活人送往神殿祭神。这条大道是牺牲者所走的最后一段人生之路，"黄泉大道"由此而得名。

↑ 羽蛇神金字塔的台阶

↑ 特奥蒂瓦坎城的太阳金字塔

特奥蒂瓦坎找到一个适合它所有街道和建筑的测量单位。通过运用电子计算机计算，这个单位长度为 1.059 米。例如特奥蒂瓦坎的羽蛇庙、月亮金字塔和太阳金字塔的高度分别是 21、42、63 个"单位"，其比例为 1 : 2 : 3。

哈列斯顿测量黄泉大道两边的神庙和金字塔遗址，发现了一个让人惊讶的情况："黄泉大道"上那些遗址的距离，恰好表示着太阳系行星的轨道数据。在"城堡"周围的神庙废墟里，地球和太阳的距离为 96 个"单位"，金星为 72，水星为 36，火星为 144。"城堡"后面有一条特奥蒂瓦坎人挖掘的运河，运河离"城堡"的中轴线为 288 个"单位"，刚好是木星和火星之间小行星带的距离。离中轴线 520 个"单位"处是一座无名神庙的废墟，这相当于从木星到太阳的距离。再过 945 个"单位"，又是一座神庙遗址，这是太阳到土星的距离。再走 1845 个"单位"，就到了"黄泉大道"的尽头——月亮金字塔的中心，这刚好是天王星的轨道数据。假如再把"黄泉大道"的直线延长，就到了塞罗戈多山山顶，那个地方有一座小神庙和一座塔的遗址，地基还在。其距离分别为 2880 个和 3780 个"单位"，刚好是冥王星和海王星轨道的距离。

如果说这一切都只是偶然的巧合，显然不能让人信服。假如说这是建造者们有意识的安排，那么"黄泉大道"很明显是根据太阳系模型建造的，特奥蒂瓦坎的设计者们肯定早已了解整个太阳系的行星运行的情况，并了解了太阳和各个行星之间的轨道数据。但是，人类在 1781 年才发现天王星，1845 年才发现海王星，1930 年才发现冥王星。那么在混沌初开的史前时代，又是哪一只看不见的手，给建筑特奥蒂瓦坎的人们指点出了这一切呢？

阿拉撒热人的"悬崖宫"为何会消失

↑在梅萨峡谷除了可以见到著名的悬崖宫之外，还可以见到许多一千多年前由印第安人开凿修建的崖壁石屋。

美国西南部科罗拉多州的梅萨峡谷，一直到 19 世纪后期仍然是一个荒无人烟、不长寸草的地方。然而就在这个峡谷的中央，却矗立着一幢幢石筑的多层建筑物，它就是闻名于世的"悬崖宫"。

"悬崖宫"是在一个极为平常的偶然情况下被发现的。1888 年的一天，两个正在寻找因迷路而跑丢的牛群的牧童来到了梅萨峡谷，发现在峡谷底部有一群从来没看到过的建筑物。他们沿着陡峭的崖壁滑到了峡谷深处，一座宏伟的城堡顿时呈现

在面前。他们走进城堡，发现这里有许多器具，有黑白相间的陶制器皿，其中有的形状如动物，有简单的劳动工具，四周还有焚烧过后留下的灰烬。这一发现很快被传开了，"悬崖宫"由此得名。

据考古学家调查发现，从 11 世纪中期到 12 世纪中期，是阿拉撒热人的查科文化处于登峰造极的时期。他们建造了由 12 个被称作普韦布洛的村镇构成的雄伟壮观的 96 城堡，以后又造起了大大小小的一座座石屋。每间屋子都用上万块石头堆砌而成。做横梁的松木、针枞木多达 2 万多根。在没有牲畜和轮子的年代，要从 50 多千米外的采石场运过来。

在房屋四周的山谷里，阿拉撒热人建起了层层梯田，在上面种上了玉米、豆类植物和棉花。为了对付干旱的气候，还修筑了水池。他们用动物的皮毛和棉花混合起来制成衣服。虽然当时他们还处在母系氏族社会时期，但已经知晓天文和原始艺术。在查科峡谷的法加达·巴特悬崖顶上至今还保留着当年的"天文观测台"，在悬崖峭壁上还留有阿拉撒热人刻画的一些后人到今天仍未明其意的图画。在查科地区还发现了数百条宽 9 米多的硬面路，条条平整，并都各自通向悬崖顶，而且每隔 12 到 16 千米就建有一座"普

韦布洛"，这些村镇的遗址现在还残存着。

为什么查科文化从 12 世纪后期开始很快衰落，以致到 13 世纪阿拉撒热人就此销声匿迹了呢？

有人认为其原因在于氏族内部不和所引起的纷争。一些部落为了防御外来入侵者，不得不抛下原先居住的城堡，在山谷峭壁上挖洞，开始过起新的洞穴生活。而造成不和的原因可能主要是为了抢夺土地和水源。

↑ 梅萨弗德国家公园
面积 210.74 平方千米，是北美印第安人文化遗址保留地。

也有人认为是恶劣的气候迫使他们离家出走。据历史记载，在 13 世纪 70 年代曾有一场长达 20 多年的大干旱袭击了现在美国的西南部地区。

还有人认为，人口繁殖过多，以致土地超负荷使用是阿拉撒热人没落的原因。

然而，以上这些说法都缺乏充分的事实作依据。而且，为什么阿拉撒热人要在这些荒瘠的峡谷中建造那么多的"悬崖宫"呢？这个问题至今也没有人能够回答出来。

↓ 梅萨"悬崖宫"
阿拉撒热人的多层居室就凿建在悬崖上，其中最大的一座"悬崖宫"约建于 1 世纪，有几百个房间。有人认为建这些石屋的目的是为了抵抗邻近部落的侵袭。

复活节岛上的石雕造型奇特，别具风采。它们屹立在那里，像是俯视着岛上络绎不绝的游人，又像是等待着人们来揭开其神秘面纱。

复活节岛石雕的创作者是谁

1772 年，一支荷兰舰队在雅可布·罗赫文的率领下前往非洲，在距离智利西海岸 3000 多千米的南太平洋上，他们发现了一个地势险峻的小岛。发现小岛这天恰好是西方的复活节，所以这座小岛就被命名为"复活节岛"。复活节岛面积只有 120 平方千米，人烟稀少，岛上没有树林，在长满青草的山坡上，留有许多火山爆发的痕迹。岛上居民是一些土著人，人口不足 6000。最引人注目的是在小岛靠近岸边的地方，蠢立着许多巨大的石雕人像，大的足有 10 米高，小的也高达 5 米。这些巨像双耳下垂，前额低垂，面无表情。此外，岛上还有上百件民用铁器。但是岛上居民甚至可能连最简单的工具都不会利用，按他们的能力是根本无法雕出那么多巨像的。那么这些巨像及岛上的建筑又是什么人留下的呢？有什么

←瞪目而视的石雕

作用或象征意义呢？

另外，许多石像的头上原来都有圆形的帽子或头饰。巨像倾倒后，这些头饰滚落在旁。这些头饰是用岛上火山口的红石雕成的，又大又重，它们是怎样戴到巨大的雕像头上的呢？这一切都给这座小岛涂上了一层神秘的色彩，吸引了无数的科学家和探险家前来考察。遗憾的是，直到现在仍然是收效甚微，得到的只是一些说服力不强的猜测。

↑复活节岛上的印第安人

有人研究了岛上刻有文字的木板后认为，复活节岛原是南太平洋扩大后的一部分，曾经拥有灿烂的文明。大约在一两万年前，一场突然爆发的大地震使得这块古大陆遭到劫难，只有复活节岛幸免于难。岛上的石雕像和石建筑，都是那个时代的遗迹。

挪威的人类文化学家特尔·海尔塔尔认为，岛上的居民来自离此较近的北美洲。为这种说法提供根据

↑复活节岛上的土著居民还保持着传统的习俗与装束。

的是，岛上有原产南美大陆的甘薯。但是一支法国探险队在对复活节岛进行了全面考察后，却提出了全新的见解。他们认为，岛是外星人访问地球时留下的，这个小岛很可能是外星人的基地。

很多人相信了这种说法，但法国的科学家却不这样认为。他们为了再现当年的景象，用坚硬的石头当"凿子"，用葫芦装水洒在石头上帮助"雕刻"，这样就在岩石上凿出了一个个小坑。经多次重复后还可以在岩石上"雕"出形状来。他们又用木头和绳子模仿了巨像的搬运工程。尽管如此，他们还是得不到令人信服的结论。绳子和棍子也是工具，当时的人会使用吗？在岩石上凿个小坑容易，但要想雕出一座五官俱全、高达10米的石像，用"洒水雕刻"的方法能办到吗？

法国科学家们找到的最有希望的线索，是一些岛上原住居民留下的木制牌，上面刻着一些类似文字的符号。如此说来，长耳人就是印第安人，短耳人就是波利尼西亚人。这些石像是为纪念长耳人自己的首领而雕刻的。石像是已故酋长和宗教领袖的象征，是神化死者的偶像，长耳人相信它有超自然的力量足以抵御天灾人祸，保佑海岛风调雨顺，于是激发起部族巨大的创作热情，一代接一代地雕刻下去。洛加文将军登岛时，目睹岛民点燃火把，诚惶诚恐蹲在石像面前，双手合十，不停叩头。于是他最早提出偶像崇拜的看法：石像就是岛民膜拜的神灵。然而所有这一切都没有确凿的证据，难作结论。

Unsolved Mysteries of World Architecture

↑ 散落在草丛中的石雕

欧洲人另有一种说法。前4世纪，马其顿帝国曾有一支远征舰队失踪了，实际上就是远航到太平洋，流落并定居于复活节岛上，那些石像都是高鼻子，正是欧洲人的特征。他们认为，有两点事实必须肯定。第一，复活节岛曾经存在过灿烂的文明，人口最多时超过2万人；第二，优越的自然环境、丰饶的生产品、众多的人口，支撑了这个文明，又由于滥垦滥伐，人口负荷过大，招致环境恶化，森林砍光，两族为生存而兼并，导致文明的崩溃。

1914年英国一位女学者指出，石像中的一部分代表神，另一部分是现实人的影子，如同"照片"。1934年来岛定居的法国神甫认为，石像纯粹是为当时岛上的活人竖立的。1962年法国学者玛泽尔又另提一说，他说石像不是神，也不是活人，而是太空来客搞的名堂。太空人因技术事故迫降于复活节岛上，教土著人基本语言和星空常识，临走前造了这些石像留作纪念。有些专家却认定石像是镇岛的卫士。岛民没有自卫的力量，想用这些"哨兵"威慑，吓退来犯之敌。

即使搞清了石像的用途和创作者，仍然没法解开石像运输到位之谜。远古时人们没有任何机械，单靠人力是怎样搬运几十吨重的石像？又如何把巨像从采石场拽到海边？又如何起重定位？

1986年，挪威学者海尔达尔提出了一种论点，他在捷克工程师巴夫的协助下，组织18名岛民分成两组，一组用绳索使石像倾斜，一组用绳索紧拉石像底部，几个人用木杆撬动，两组用力牵拉，几十吨重的石像竟在沙滩上摇晃移动。用同样的方法，可使石像升到石台之上。依此计算，15个劳动力一天之内就可将150吨重的石像移动200米。躺在采石场的半成品底部棱角尖锐，海边的石像底部平滑而无棱角，正是长途拖拽磨损的见证。

复活节岛这些谜团何时能够解开依然是考古学家和历史学家的大课题。

扫码获取更多资源

↑五千年前埃及人以非凡的智慧建造了金字塔，五千年后的人们仍在探究它的神秘力量。

金字塔 到底是什么

长期以来，人们一直认为大金字塔就是法老胡夫的陵墓。据文件记载，公元820年，即阿拉伯人统治埃及期间，阿拉伯王子阿布杜拉·艾尔玛曼为了寻宝，曾凿破北侧石壁，沿甬道闯入传说中的"王室"和"后室"，但进去之后却发现，那里不但没有宝藏，也没有法老和王后的遗骸，只有两处空空荡荡的房间，可是封印完整。

艾尔玛曼的发现使世人深感震惊。既然金字塔内没有尸骸，就无法证明它是法老的陵墓。所谓王宫、后室等，也都不过是约定俗成的叫法。这个世界上最大的建筑究竟是作什么用的呢？

有人认为，在古埃及第一、二王朝时，无论王公大臣还是老百姓死后，都被葬入一种用泥砖建成的长方形坟墓，古代埃及人叫它"玛斯塔巴"。后来到第三王朝时期，一位名叫伊姆荷太普的年轻设计师，

在给埃及法老佐塞设计坟墓时，发明了一种新的建筑方法。他用山上采下的呈方形的石块来代替泥砖，并不断修改陵墓的设计方案，最终建成一个六级的梯形金字塔，这就是我们今天所看到的金字塔的雏形。

但是，考古学家、心灵学家和秘传研究的学者等并不同意这种见解。一些研究秘传的学者认为，坐落在埃及等地的每一座金字塔都是一个巨大的文化、祭祖和能量聚集的中心；塔里面还存放着许多经书，待在里面可以使人接受宗教的洗礼；集聚在金字塔里的能量强大无比，它可以影响到四周地域的气候变化。

还有一种说法，古埃及的圣人才子为防范后人破坏他们的创造物，就利用金字塔的能量摧毁了胡夫金字塔周围的一切，使之成为一片茫茫沙漠……

有人认为金字塔是纪念物。据考证，狮

身人面巨像是在大约前2500年古王国时代第四王朝的埃及法老海夫拉统治时期修建的。海夫拉巡视墓碑时，为没有一个体现其法老威仪的标志而不满，一位石匠投其所好，建议利用工地上一块200吨重的巨石雕一座象征法老威严与智能的石像，遂有了驰名世界的斯芬克斯狮身人面像。

有人认为，金字塔是灵魂安息之处。

古埃及人认为，诸神告诫人们做什么，人们就应该做什么。他们还相信，世界有始无终，万事万物都循环往复。他们的时间观偏重未来，相信无尽的世界正等着他们去享受。古埃及人还认为，人生在世，主要依靠两大因素：一是看得见的人体，二是看不见的灵魂。灵魂"巴"的形状是长着人头、人手的鸟。人死后，"巴"可以自由飞离尸体。但尸体仍是"巴"依存的基础。为此要为亡者举行一系列名目繁多的复杂仪式，使他的各个器官重新发挥作用，使尸体——木乃伊能够复活，继续在来世生活。

人总是要死的，但是，为什么要花费这样多的劳力，消耗这样多的钱财，为自己建造一个尸体贮存所呢？除了国王们的豪华奢侈外，有没有其他的原因呢？有，科学家们研究表明，金字塔的形状，使它贮存着一种奇异的"能"，能使尸体迅速脱水，加速"木乃伊化"，

等待有朝一日的复活。假如把一枚锈迹斑斑的金属币放进金字塔，不久，就会变得金光灿灿；假如把一杯鲜奶放进金字塔，24小时后取出，仍然鲜美清新；如果你头痛、牙痛，到金字塔去吧，一小时后，就会消肿止痛，如释重负；如果你神经衰弱，疲惫不堪，到金字塔里去吧，几分钟或几小时后，你就会精神焕发，气力倍增。法国科学家鲍维斯发现，在塔高1/3的地方，垃圾桶内的小猪、小狗之类的尸体，不仅没有腐烂，反而自行脱水，变成了"木乃伊"。他按照金字塔的尺寸比例，做了一个小型金字塔，也同样取得了防腐保鲜的效果，

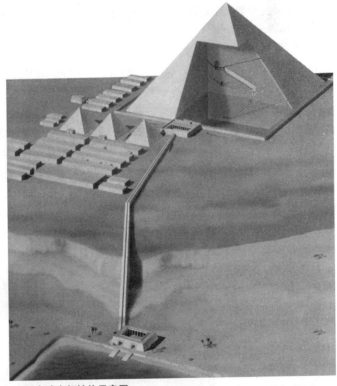

↑ 胡夫陵内部结构示意图

胡夫金字塔由大约230万石块砌成，外层石块平均每块重2.5吨，塔原高146.5米，经风化腐蚀，现降至137米。整个塔建筑在一块占地约5.29万平方米的凸形岩石上。

↑沙卡拉六级梯形金字塔

它是由埃及第三王朝时一个叫伊姆荷太普的青年人设计的，是埃及最古老的金字塔。一共六层，完成时底部东西长约109米，高约62米。

这种家庭用的小型金字塔曾经在美国畅销，供防腐保鲜和试验之用。 捷克的无线电技师卡尔·德尔巴尔根据鲍维斯的发现，创制了"金字塔"刀片锋利器，并在1959年获得了捷克颁发的"专利权"。 埃及科学家海利也做了个实验，他把菜豆籽放进金字塔后，同一般菜豆籽相比，出苗要长4倍，叶绿素也多4倍。

1963年，俄克拉何玛大学的生物学家们断定：已经死了好几千年的埃及公主梅纳，栩栩如生的躯体上的皮肤细胞，仍具有生命力。最使人毛骨悚然的是埃及考古学家玛苏博士的宣布：当他经过4个月的发掘，在帝王谷下27英尺的地方打开一座古墓石门的时候，一只大灰猫，拔着满身尘土，拱起背，嘶嘶地叫，凶猛地向人扑来。几个小时以后，猫在实验室

↑胡夫金字塔

它是世界上最大的金字塔。直到1889年巴黎埃菲尔铁塔落成，在4000多年中它始终是世界上最高的建筑物。

里去世了，然而，它忠实地守卫它的主人，守了4000年。

所以，有的科学家认为：金字塔的结构是一个较好的微波谐振腔体，微波能量的加热效应可以杀菌，并且使尸体脱水，而在这个腔体中，可以充分发挥微波的作用。可是，4000年前的法老，怎么知道利用微波呢？ 这仍然是一个谜。

有人认为，金字塔是地球与外星人联系的方式。美国宇航员最近发现：一年中，在特定的某几天，当太阳照在吉萨高地金字塔顶上的条纹大理石板上的时候，反射到空中的亮光在月亮上都能清楚地看到。这难道是与外星进行通联的方式么？也许正如埃及古谚语所说："金字塔是光明之顶，是巨大的眼睛。"

还有人认为，金字塔是在法老作古及其继任者登基时，用来演绎远古传说中的法老欧西里斯死后，经由猎户座达到永生而成为某界之王的仪式性建筑。

至于金字塔究竟是作什么用的，科学家们还在研究中。远古文明的湮灭，金字塔留给了人们太多的谜团。

如何解释金字塔里的超自然现象

↑图坦卡蒙金棺
这是一具镀金木棺，上面雕刻着年幼法老的金像。而最内层竟是纯金，厚为 0.15～0.21 英寸，棺内放着法老的木乃伊。

很多人之所以不相信埃及金字塔出自人类之手，在很大程度上是因为围绕着它出现了很多神秘的超自然超时代现象。如果仅仅以为金字塔是生命和能量的源泉，那就错了，金字塔正以它神秘的恐怖手段，阻止人们进一步地探索。而迄今为止，也没有人能对这些现象做出令人信服的解释。

金字塔向人们显示了它奇特的结构效应：保存在其中的食物不易腐烂，鲜花不易枯萎；进入金字塔参观的游客也会感到格外舒适，头脑清醒，精神爽快。对金字塔内部的测定，表明它是一个很好的电磁波的共鸣器，它能够接收许多波段的能量，杀死细菌。有的科学家利用金字塔小模型做实验，发现只要方位放的对，它能使刀片锋利，有机物脱水。还有的研究者模仿金字塔内部构造建起一座住所，发现居住在其中能使人的注意力更加集中，思维也更加敏捷。

科学家们试图揭开金字塔内部构造的奥秘，然而屡遭失败。他们发现，似乎一些残留的古代电磁技术依然在保护金字塔，使后人无法窥探它的秘密。有人做过试验，利用宇宙射线对巨石堆进行穿透显示，用以透视金字塔内部结构。虽然试验做得很内行，但是电子计算机等现代仪器在同一区域的记录从来没有稳定过，每天都得出完全不同的记录曲线。这种现象违反了一切已知的科学法则和电子学理论，而且在科学上是不可能的。该试验毫无结果而告终。究竟是什么能量储存在金字塔内部一直干扰了现代的科学实验呢？这种能量也许与金字塔的死亡效应不无联系。

1922 年，人们发掘了公元前 18 世纪去世的图坦卡蒙国王的陵墓，墓穴入口处赫然写道："任何盗墓者都将遭到法老的诅咒！" 科学家理所当然地蔑视"法老的诅咒"，然而厄运和灾难却一再证明法老的诅咒的效力。

先是发掘的领导人之一卡那公爵被蚊虫

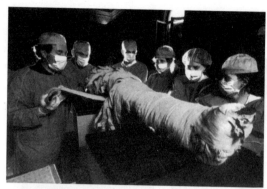
↑科研人员在拆解包裹木乃伊的白麻布

世界闻名的古埃及木乃伊不仅数目众多，而且保存完好，这实在让世人惊叹，到目前为止，埃及这块神秘的土地上出土的木乃伊已不计其数。

↑卡特将图坦卡蒙金棺上的灰尘拂去，法老的遗体封在三层棺椁中，金棺是它的第二层。

咬了一口，突然发疯去世。接着，参观者尤埃尔因落水溺死，参观者美日铁路大王因肺炎猝死，用 x 光照相机给国王木乃伊拍照的新闻记者突然休克而死，另一名发掘者，肯塔博士的助手麦克·皮切尔先后去世，死因不明，皮切尔的父亲跳楼自杀，送葬汽车又轧死了一名八岁儿童。在发掘后 3 年零 3 月的时间内，先后有 22 名与发掘有关的人神秘地去世。胡夫金字塔上也有一段可怕的铭文："不论是谁骚扰了法老的安宁，死神之翼将在它的头上降临。"

开罗大学伊瑟门塔亚博士认为：木乃伊体内存在着一种曲霉细菌，感染者导致呼吸系统发炎，皮肤上出现红斑，最后呼吸困难地死亡。美国《医学月刊》曾刊登一篇调查报告：100 名曾经到过金字塔观光的英国游客，在未来 10 年内死于癌症的，竟达 40%，而且，年龄都不大。而那些胆大妄为，胆敢爬上金字塔顶的人，都很快出现昏睡现象，无一生还。最近，迈阿密贝利大学的化学教授达维多凡从金字塔中检验出衰退的辐射线，很显然，这正是英国游客致癌的主要原因。但是，金字塔外却没有。可见，金字塔的结构可以防止放射线的外泄，因此，他提出了一个最为新颖的推断：金字塔是史前外星人的核废料储存所。但是这种推测似乎与金字塔结构效应相矛盾。

近年来，在埃及一些金字塔和未被发掘的古墓的新发现，又进一步提供了考古学上的可能证据。众所周知，科学界在进入 20 世纪 70 年代以后才开始研究和制造成功人造心脏，时至今日，人造心脏仍然未能取代天然心脏的地位。但是日本考古学家和埃及专家合作，对一具金字塔中的男童木乃伊进行研究后发现，在他体内有一副状似心脏的仪器。这副仪器是经过精密的外科手术安装进去的。这个死时年纪约为 10 岁的男孩，已经在金字塔中安眠了 5000 年之久，他体内的这颗人造心脏是从何而来呢？

彩色电视机在现代社会中的应用也不过几十年的时间。然而，有人在尼罗河畔从未被发掘的古墓中，竟然发现了一台酷似电视机的仪器。这台彩电安装有四面三角形的荧光屏，屏的四周镀有黄金，机件是用质地极为坚固的金属钛制造的，它的动力来自太阳能电池。不过，它只有一条线路，只能接收一个电视台的图像。专家们把这台古代电视机与古墓中所存的手工艺品一起通过碳14年份鉴定，证实它已有4200年以上的历史。目前这台电视机虽然已经基本失灵，但太阳能电池仍能正常工作。

↑拉美西斯二世法老木乃伊

发现者认为，这可能是来自另外的文明世界的礼物，通过它可以与后来的世界保持联系。也就是说，它属于古代来访者遗留的星际通信工具。这种说法得到了出自金字塔中其他发现的支持。在一个距今3000余年的金字塔中，科学家发现了一幅古老的UFO图案。在这幅壁画上，UFO被清楚地绘成一种倒转了的碟子形状。这是否表明，早在数千年前，外来文明的使者就乘坐这UFO来到地球，与古埃及人彼此沟通了。

作为更利于人们推测的直接证据，考古学家们最近在大金字塔进行内部设计技术研究时，发现塔内密室中藏有一件冰封的物件。探测仪器显示该物体内部有心跳频率及血压，这使人相信冰封底下是某种具有生命力的生物。据同时在塔内发现的一卷象形文字资料记载：5000年前，一辆飞天马车从空中坠落在开罗附近，并有一名生还者。古卷中称这位生还者为"设计师"。考古学家联想到塔中的冰封生物可能就是参与金字塔设计与建造的外来世界的智能使者。所谓飞天马车可能就是我们今天所说的UFO的星际交通工具。

那么，发现于金字塔中的千年不化的冰格是怎样制造出来的？是否可以唤醒冰封状态中的外来使者呢？金字塔是否既是法老陵墓又是星际联系的文明标志呢？

科学家们普遍认为金字塔内确实存在一种超自然的因素，能够产生一种超自然的力量，而这种超自然的因素是什么呢？为什么能够产生超自然的力量呢？这种种问题，目前仍然没有结论。

↑夜幕下的海夫拉金字塔及狮身人面像

古埃及狮身人面像之谜

在埃及的尼罗河畔，除了众所周知的金字塔外，还屹立着一座巨人——狮身人面像。它从埃及向东方凝视，面容阴沉忧郁，既似昏睡又似清醒，蕴含着一股雄壮的气势，给人以神秘的遐想。多少年过去了，经过几千年的风吹日晒雨淋，

↑古埃及国王的保护神——神鹰荷鲁斯

一切都在变化之中，然而狮身人面像却一直默默地守护在尼罗河畔，似乎在捍卫着什么，守望着什么。然而又是谁建造了它，保护了它，为它除沙除尘呢？

有种意见认为，狮身人面像在埃及"古王国"时期建成，是由第四王朝的法老卡夫拉建成的（其在位时间是公元前 2520 年 至 前 2494 年）。

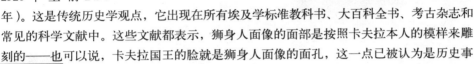
→阿蒙内姆哈特法老的狮身人面像
狮身人面不仅以砖石的形式，同样用雕塑的形式传达着法老的威严。

这是传统历史学观点，它出现在所有埃及学标准教科书、大百科全书、考古杂志和常见的科学文献中。这些文献都表示，狮身人面像的面部是按照卡夫拉本人的模样来雕刻的——也可以说，卡夫拉国王的脸就是狮身人面像的面孔，这一点已被认为是历史事实了。

比如，闻名世界的考古专家爱德华兹博士就说过，狮身人面像的面部虽已严重损坏，"但依然让人觉得它是卡夫拉的肖像，而不单只是代表卡夫拉的一种象征形式"。

他们之所以这样说，根据之一乃是竖立在狮身人面像两前爪之间的一块花冈岩石碑上刻着一个音节——khaf。这个音节被认为是卡夫拉建造狮身人面像的证据。这块石碑与狮身人面像并不是同时出现，而是对图特摩斯四世法老（公元前 1401 ~ 1391 年）功德的纪念。这位法老把即将埋住狮身人面像的沙土彻底清洗干净了。这块石碑的碑文说狮身人面像代表了"自始至终存在于此的无上魔力"。碑文的第 13 行出现了卡夫拉这个名字的前面一个音节 khah。按照瓦里斯·巴杰爵士的说法，这个音节的出现"非常重要，它说明建议图特摩斯法老给狮身人面像清除沙土的赫里奥波利斯祭司认为狮身人面像是由卡夫拉国王塑造的……"。

然而仅仅根据一个音节，我们就能断定卡夫拉建造了狮身人面像吗？1905 年，美国埃及学者詹姆斯·亨利·布莱斯提德，对托马斯·扬的摹真本进行了研究，却得出了与此相悖的结论。布莱斯提德说："托马斯·扬的摹真本提到卡夫拉国王的地方让人觉得，狮身人面像就是这位国王塑造的——这完全是没有事实根据的；摹真本上根本看不到古埃及碑刻上少不了的椭圆形图案……"

你也许会问什么是椭圆形图案。原来，在整个法老统治的文明时期，所有碑文上国王的名字总是包围在椭圆形的符号里面，或是用椭圆图案圈起来。所以，很难使人明白刻在狮身人面像两前爪之间的花冈岩石碑上的卡夫拉这位大人物的英名——实际上其他任何一位国王都不例

←狮身人面像全景

↑狮身人面像

外——怎么可以缺少椭圆图案。

再者，即使碑文第13行的那个音节指的就是卡夫拉，也不能说明是卡夫拉雕刻了狮身人面像。卡夫拉可能还因为其他功绩被怀念着。卡夫拉身后的许多位（或许其身前也有许多位）国王（如拉美西斯二世、图特摩斯四世、阿摩斯一世等等）都修复过狮身人面像，卡夫拉怎么就不可能是狮身人面像的修复者之一呢？

实际上，19世纪末和20世纪开创埃及学的一大批资深学者都认为狮身人面像并不是由卡夫拉雕刻，这一说法才是合乎逻辑推理的。当时担任开罗博物馆古迹部主任的加斯东·马斯伯乐也是那个时代是受人推崇的语言学家，也是认同这种观点的学者之一。他在1900年写道：

←埃及国王的黄金宝座

"狮身人面像石碑上第13行刻着卡夫拉的名字，名字前后与其他字是隔开的……我认为，这说明卡夫拉国王可能修复和清理过狮身人面像，这在某种程度上也证明了狮身人面像在卡夫拉生前已被风沙埋没过……千百年过去了，'斯芬克斯'仍然伫立在尼罗河畔，即使它的身上已经是千疮百孔。也许对于敬仰它的人，膜拜它的人来说，这无损于它的形象。"

"黑色犹太人"是否建造了独石教堂

在埃塞俄比亚首都亚的斯亚贝巴以北50公里的拉利贝拉，海拔2500米的约瑟夫主教山麓隐藏着一座"教堂城"。从地面看去，山坡没有什么建筑物。走近一看，11座石构教堂全部没于地下，建筑物顶端与地面齐平。原来这是世界上独一无二的独石教堂。

独石教堂于1974年被重新发现。距多年考证，它已荒废了600多年。此地原名罗哈，11至14世纪曾作为渣格王朝的首都约300年，后来以国王的姓氏而易名为"拉利贝拉"。

扎格王朝1181－1221年在位的国王拉利贝拉，征调5000匠人，用30年时间凿成独石教堂。扎格王朝为什么要雕琢独石教堂呢？据说是为了安全和隐蔽，避免外族的入侵。另一种说法是出于宗教上的考虑和需要：教堂必须同大地连成一体，建筑根植于大地，上联天体，使上界和下界浑为一体，以取得上帝的庇佑。这些教堂兼宗教、政治、军事三项功能于一身，是王室的住地、祈祷场所和防御要塞。独石教堂纯粹是宗教建筑群，周围没有民用建筑和石镇，那么教士们靠什么供养自己？有人说独石教堂曾经作过国都，实在令人怀疑。

拉利贝拉处于火山凝灰岩地带，岩石裸露，群山被染上斑斓的色彩。工匠首先选择完整的没有裂缝的巨岩，除去表层浮土和软岩，往四周挖12～15米深的深沟，而后在巨岩内预留墙体、屋顶、祭坛、柱、门、窗，将空间凿掉，精雕细刻，修饰镂空窗户，最后成为一座宏丽的教堂。

↑没于地下的独石教堂

↑俯视圣·乔治独石教堂

世界
建筑

155

在兴建独石教堂当中，不能排除使用黑色犹太人的可能性。

所谓黑色犹太人，是指埃塞俄比亚的一个古老民族，为犹太人和埃塞俄比亚人的混血种。他们自称是公元前10世纪，犹太国王所罗门和埃塞俄比亚女王示巴的私生子的后裔。历史学家认为此说并不可信。黑色犹太人应是公元前8世纪，亚述国俘获的以色列战俘流落到埃塞俄比亚后与土著混血的后裔。这支混血人在公元初繁衍到上百万人，后来大部分皈依基督教，成为王族的中坚，大部分国王都宣称属于"所罗门血统"，而坚持信仰犹太教的混血人则遭大规模屠戮，残部一部分沦为奴隶，一部分逃进北部的锡缅山隐居下来。扎格王朝属于"土著血统"，与犹太人势不两立，对犹太人绝不会手软，在当时劳动力严重缺乏的情况下，估计肯定使用了犹太奴隶。后来的扎格王朝，正是被"所罗门血统"的绍阿王朝取代的。那些"顽固不化"坚持信奉犹太教的黑色犹太人，被称为"法拉沙"，意为"外来户"、"逃亡者"，最后只剩5万人，处于与世隔绝的原始状态。

20世纪70年代，在头人"回耶路撒冷"的号召下，法拉沙人真的"逃亡"了，携家将雏，不畏万难，向北方的苏丹国迁徙，准备出走以色列，结果被苏丹国围在难民营内。在美国的帮助下，以色列架设了"空中桥梁"，实施秘密的"摩西行动"，派出运输机接运自己的"子民"，历时10年，运走黑色犹太人3万多人。至此，纯种的黑色犹太人在埃塞俄比亚基本绝迹了。

有人说，当时应该已经有垒砌法等比较先进的建筑技术，而拉利贝拉还是采用原始的凿岩造屋方法是因为这些先进技术失传了。凿岩造屋的水平比垒砌法低吗？这是不能自圆其说的。何况，独石教堂内有许多石碑式的雕刻品，怎么能说是技艺失传呢？这类石碑属于记功、祭祀类纪念碑，高达几十米，重四五百吨，类似于埃及的方尖碑，直到今天仍然是埃塞俄比亚古建筑的标志。种种事实表明，独石教堂是扎格王朝的拉利贝拉国王凿造的。

到底是什么人开凿了独石教堂，至今依然没有结论。

↑在独石教堂附近进行的宗教仪式

↑埃塞俄比亚圣·乔治教堂

整座教堂其实是一块巨型岩石，内部掏空，外部则是希腊的十字形状。这些独石教堂在布局、比例、风格上都有各自的特点，一系列地道、深沟和涵洞把一座座教堂连接起来。

图书在版编目（CIP）数据

世界建筑未解之谜：图文版 / 王荔，王彦明编著 .—2 版 .—北京：光明日报出版社，2004.9（2025.1 重印）（图文未解之谜系列丛书）

ISBN 978-7-80145-948-0

Ⅰ . 世… Ⅱ . ①王… ②王… Ⅲ . 建筑史—世界—普及读物 Ⅳ . ① TU-091

中国国家版本馆 CIP 数据核字 (2004) 第 141410 号

世界建筑未解之谜：图文版

SHIJIE JIANZHU WEIJIE ZHI MI ：TUWEN BAN

编　著：王　荔　王彦明

责任编辑：李　娟　　　　　　　　　责任校对：乔　楚
封面设计：玥婷设计　　　　　　　　封面印制：曹　净
出版发行：光明日报出版社
地　　址：北京市西城区永安路 106 号，100050
电　　话：010-63169890（咨询），010-63131930（邮购）
传　　真：010-63131930
网　　址：http://book.gmw.cn
E - mail：gmrbcbs@gmw.cn
法律顾问：北京市兰台律师事务所龚柳方律师
印　　刷：三河市嵩川印刷有限公司
装　　订：三河市嵩川印刷有限公司
本书如有破损、缺页、装订错误，请与本社联系调换，电话：010-63131930
开　　本：170mm×240mm
字　　数：131 千字　　　　　　　　印　　张：10
版　　次：2010 年 1 月第 2 版　　　印　　次：2025 年 1 月第 3 次印刷
书　　号：ISBN 978-7-80145-948-0
定　　价：27.80 元

Unsolved
Mysteries
of
World Architecture

当走出这一座座建筑的奇幻世界，
结束这段精彩、美妙的读书之旅时，
或许我们所收获的已不单单是解奇探秘所带来的刺激与快感，
艺术的熏陶、历史的感悟、
睿智的思辩等诸如这些会让我们终身受用......

Unsolved Mysteries

e . . . . chitectuWorld Ar

<